STAMPA 3D:

Guida rapida per principianti

Scegli la stampante giusta, evita errori costosi e ottieni le tue prime stampe di successo con un sistema chiaro passo-passo

ADRIAN COLEY

Codice ISBN: 9781805561491

Disclaimer

Il presente volume, *"STAMPA 3D: Guida rapida per principianti"*, è stato realizzato esclusivamente a scopo informativo ed educativo. Nessuna parte di questa pubblicazione può essere riprodotta, distribuita, archiviata o trasmessa, in qualsiasi forma o con qualsiasi mezzo, elettronico o meccanico, senza la preventiva autorizzazione scritta dell'editore, salvo nei casi espressamente previsti dalla normativa vigente sul diritto d'autore. Le informazioni contenute in questo libro sono state raccolte e verifi cate con la massima cura; tuttavia, l'editore e l'autore non garantiscono che siano prive di errori, complete o sempre aggiornate e declinano ogni responsabilità per eventuali danni, perdite, malfunzionamenti o conseguenze derivanti dall'utilizzo delle tecniche, dei suggerimenti o delle procedure descritte.

La stampa 3D comporta l'impiego di apparecchiature elettriche, componenti meccanici e materiali che richiedono un utilizzo consapevole e nel rispetto delle norme di sicurezza. Il lettore è responsabile di valutare l'idoneità delle informazioni fornite in relazione alla propria attrezzatura, alle proprie competenze e alle condizioni operative.

Tutti i marchi, i loghi, i nomi commerciali, i prodotti e le denominazioni eventualmente citati appartengono ai rispettivi proprietari e sono utilizzati esclusivamente a scopo identifi cativo, descrittivo o informativo. La loro presenza non implica alcuna affi liazione, sponsorizzazione o approvazione da parte dei titolari dei relativi diritti.

Il presente libro viene fornito "così com'è", senza alcuna garanzia, espressa o implicita, incluse, a titolo esemplifi cativo, le garanzie di accuratezza, affidabilità, completezza, commerciabilità o idoneità per uno specifico scopo.

Tutti i contenuti di quest'opera sono originali e destinati esclusivamente a finalità formative e divulgative. L'utilizzo del presente volume comporta l'accettazione delle condizioni sopra riportate.

IL TUO PACCHETTO BONUS GRATUITO

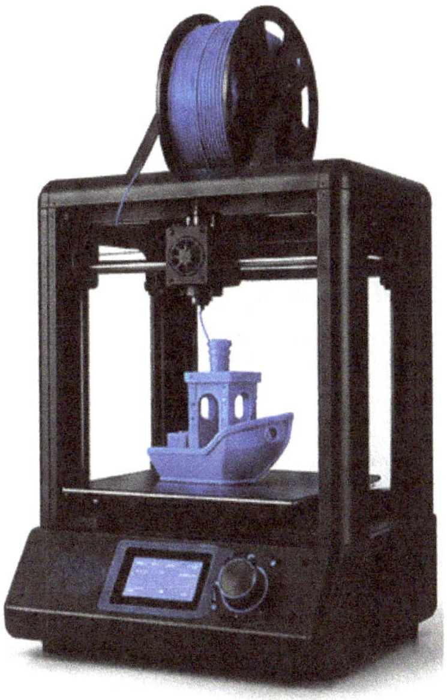

GRAZIE PER AVER ACQUISTATO QUESTO LIBRO!

Ti ringrazio sinceramente per il tuo supporto e mi auguro che questa guida ti aiuti a ottenere il massimo dalla tua esperienza con la stampa 3D.

Ho preparato per te un Bonus esclusivo: una risorsa completa di strumenti, siti e guide pratiche che ti accompagnerà in ogni fase del tuo percorso da maker.

— IL TUO PACCHETTO BONUS INCLUDE —

KIT OPERATIVO PER LA STAMPA 3D

Le migliori risorse gratuite e gli strumenti essenziali per ogni maker

- 20 pagine ricche di tabelle, checklist e strumenti per migliorare ogni progetto
- Risorse selezionate e sempre aggiornate
- Pronto da consultare in ogni momento
- Un alleato indispensabile per crescere come maker

— SCARICA IL TUO BONUS —

Ti basta inquadrare con la fotocamera del tuo smartphone il QR Code qui sotto per accedere immediatamente a tutti i contenuti bonus.

Il bonus è completamente gratuito ed esclusivo per i lettori di questo libro.

INQUADRA IL QR CODE

CONTENUTI

INTRODUZIONE

La stampa 3D sembra semplice quando guardi i video online.

Vedi oggetti perfetti uscire dalla stampante, time-lapse veloci e risultati spettacolari già dal primo tentativo. Poi compri la tua prima stampante, prepari il file, avvii la stampa… e iniziano i problemi.

- Il pezzo non si attacca.
- Il filamento fa fili ovunque.
- La stampa si blocca a metà.

Oppure funziona una volta e il giorno dopo no.

Ed è qui che molte persone si fermano.

Non perché la stampa 3D sia troppo difficile, ma perché quasi tutte le guide spiegano solo ***cosa fare***, senza spiegare davvero ***come ragionare*** quando qualcosa va storto.

Lo scopo di questo libro è esattamente questo: aiutarti a capire la stampa 3D in modo pratico, semplice e realistico, senza trasformare tutto in qualcosa di tecnico o complicato. **Questo non è un manuale accademico**. Non troverai teoria inutile, formule difficili o spiegazioni pensate per ingegneri.

Troverai invece un approccio diretto, concreto e orientato ai problemi reali che affrontano quasi tutti i principianti:

- adesione al piano
- primo layer
- stringing
- impostazioni slicer
- errori di stampa
- scelta della stampante
- gestione della resina
- troubleshooting

L'obiettivo non è solo farti ottenere una stampa riuscita, ma aiutarti a costruire un metodo ripetibile che ti permetta di capire cosa stai facendo e perché.

Per questo motivo il linguaggio del libro è volutamente semplice e beginner-friendly. Anche i concetti più tecnici vengono spiegati in modo chiaro, senza dare nulla per scontato. Molti utenti all'inizio commettono sempre gli stessi errori:

- cambiano troppe impostazioni insieme
- copiano settaggi trovati online

- provano soluzioni casuali
- cercano la "configurazione perfetta"

Ma la stampa 3D non funziona così.

I risultati migliori arrivano quando inizi a seguire un processo logico, ordinato e controllabile. Ed **è proprio questo il metodo** che troverai in queste pagine. Non importa quale stampante utilizzi. Non importa se sei completamente all'inizio. Quello che conta è imparare a leggere i problemi, capire le cause e costruire gradualmente esperienza reale.

Se durante il percorso avrai la sensazione che alcuni errori descritti sembrino "troppo specifici", probabilmente è perché li fanno quasi tutti. E molto spesso sono gli stessi errori che bloccano chi inizia.

Per questo il libro è stato progettato come **una guida pratica** da usare mentre stampi, non solo da leggere una volta e dimenticare.

L'obiettivo finale è semplice: trasformare la stampa 3D da qualcosa di frustrante e imprevedibile in un processo molto più chiaro, stabile e controllabile.

Se riuscirai a fare questo, allora avrai già sviluppato l'abilità più importante nella stampa 3D: non ottenere una stampa perfetta una volta sola, ma capire come ottenere risultati affidabili nel tempo.

Buona lettura.

CAPITOLO 1

PERCHÉ LE TUE STAMPE CONTINUANO A FALLIRE (ANCHE SE HAI PROVATO DI TUTTO)

1.1 La trappola del "ho provato di tutto"

Se hai una stampante 3D da poco tempo, c'è una fase quasi inevitabile: quella in cui pensi di aver provato tutto ma niente funziona. Magari hai già guardato decine di video su YouTube, letto forum e gruppi Facebook, cambiato temperatura, velocità e retraction, oppure provato diversi filamenti. Eppure la stampa non si attacca, si stacca a metà oppure viene piena di difetti.

La frase che ti viene in mente è sempre la stessa: *"Non capisco, ho provato tutto."*

Questa sensazione è normalissima. Non sei l'unico. È uno dei problemi più comuni tra i principianti. Ma qui c'è una cosa importante da capire subito: non hai davvero provato tutto. Hai provato tante cose senza un metodo. Ed è proprio questo il problema.

Il ciclo della frustrazione:

Di solito succede sempre la stessa cosa: la stampa fallisce, cerchi una soluzione online, trovi dieci consigli diversi, ne provi uno, non funziona oppure peggiora la situazione, quindi ne provi un altro e ricominci da capo.

Dopo un po' non sai più cosa hai cambiato, cosa funziona e cosa peggiora il problema. Ti senti bloccato.

Questo è il motivo per cui tante persone scrivono nei forum frasi come: *"Sono frustrato, non riesco a capire cosa sbaglio"* oppure *"Ho provato mille cose ma non cambia niente."*

Il problema non è la stampante e non è nemmeno il filamento. È il modo in cui stai cercando di risolvere i problemi.

1.1.1 Perché i tutorial su YouTube creano confusione

YouTube è utile, ma ha un limite enorme: ogni video mostra solo un pezzo del problema. E molto spesso i consigli si contraddicono.

Esempio reale: hai problemi di **stringing**, cioè quei fastidiosi fili sottili tra le parti stampate. Cerchi online e trovi consigli completamente opposti:

- "Aumenta la retraction"
- "Riduci la retraction"
- "Abbassa la temperatura"

- "Alza la temperatura"

A quel punto cosa fai? Provi tutto a caso. Il problema è che quei consigli funzionano solo in un contesto preciso, e quel contesto quasi mai è il tuo. Ogni stampa dipende dal tipo di stampante, dal filamento, dalla temperatura ambiente, dalle correnti d'aria e persino dallo stato della macchina. Quando copi un'impostazione, quindi, stai usando una soluzione pensata per una situazione diversa dalla tua.

Ed è qui che nasce la confusione.

Un altro problema dei tutorial è che spiegano *"cosa fare"*, ma raramente spiegano *"perché"*. E se non capisci il motivo dietro una modifica:

- non sai quando applicarla
- non sai quando evitarla
- non sai cosa aspettarti dal risultato

Alla fine fai soltanto tentativi alla cieca. Ed è esattamente quello che ti tiene bloccato.

1.1.2 Perché preset e profili non funzionano sulla tua macchina

Un'altra scorciatoia che spesso peggiora la situazione è usare profili già pronti. Magari hai scaricato un profilo Cura, un preset PrusaSlicer oppure impostazioni consigliate trovate online e pensavi: *"Ok, ora funzionerà sicuramente."*

Poi lanci la stampa… e viene male.

Questo succede perché ogni stampante è diversa. Anche due stampanti identiche possono comportarsi in modo differente.

Cambiano:

- livello del piano
- usura del nozzle
- tensione delle cinghie
- qualità del filamento
- umidità del materiale

Anche una piccola differenza può causare:

- scarsa adesione
- stringing
- layer irregolari
- superfici sporche

Quel profilo *"perfetto"* quindi non è perfetto per te. È solo un punto di partenza.

Il problema è che molti principianti lo considerano una soluzione definitiva. E quando non funziona iniziano a pensare: *"La stampante fa schifo"* oppure *"Non sono capace."*

In realtà manca solo un approccio corretto.

Il problema non è la temperatura sbagliata e nemmeno la velocità. **Il vero errore che stai facendo è cambiare troppe cose insieme.**

Quando modifichi contemporaneamente:

- temperatura
- velocità
- retraction
- flow

non saprai mai:

- cosa ha funzionato
- cosa ha peggiorato la situazione

E quindi non impari nulla. Questo è il motivo per cui tante persone rimangono bloccate per mesi.

Soluzione pratica immediata se vuoi uscire da questa situazione, fai così.

STEP 1 — **Torna a una base pulita.** Usa un profilo standard del tuo slicer. Niente preset strani e niente configurazioni prese online.

STEP 2 — **Cambia una sola cosa alla volta.** Per esempio:

- solo temperatura
- solo Z-offset

- solo velocità

Mai più di una variabile insieme.

STEP 3 — **Fai test piccoli.** Non stampare oggetti enormi. Usa:

- cubi di test
- piccoli modelli
- test rapidi

Così risparmierai tempo e filamento.

STEP 4 — **Osserva il risultato.**

Chiediti:

- migliora?
- peggiora?
- resta uguale?

Solo così inizi davvero a capire cosa sta succedendo.

Cosa devi capire davvero:

La stampa 3D non funziona così: *"Metti questi numeri e andrà bene"*. Funziona così: *"Controlla il sistema e capisci cosa stai facendo"*.

Finché non inizi a controllare il processo:

- continuerai a sprecare filamento
- continuerai a essere frustrato
- continuerai a girare in tondo

Punto chiave finale:

Se ti senti bloccato, ricordati questo: non ti serve un'altra soluzione. Ti serve un metodo. Ed è proprio questo che manca alla maggior parte delle persone nelle community: tantissimi tentativi, ma nessuna struttura.

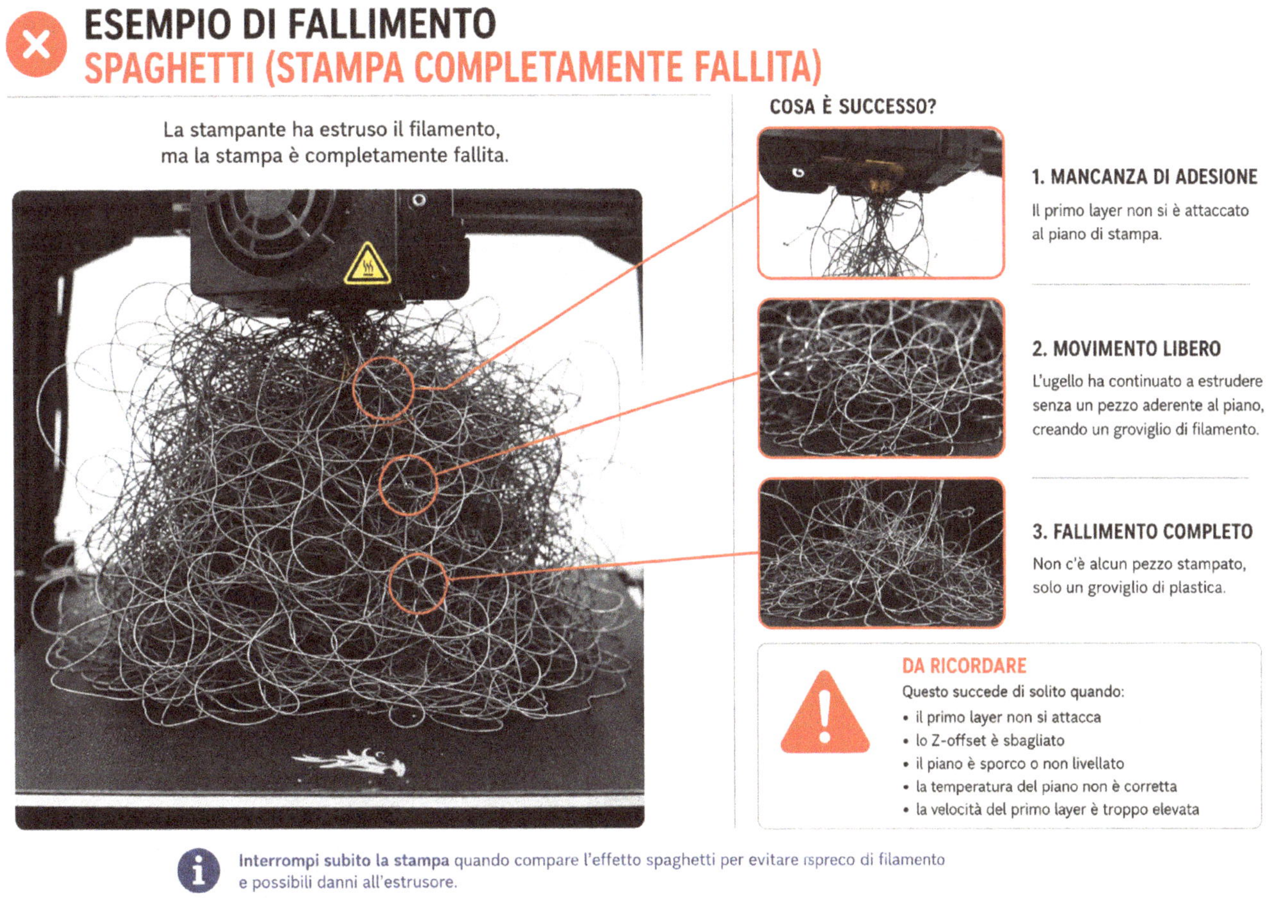

Fig. 1 — Esempio di stampa "spaghetti" causata da perdita di adesione al piano

1.2 Le vere cause delle stampe fallite

Se le tue stampe continuano a fallire, la cosa più frustrante è questa: non capisci il perché.

Provi una soluzione e non funziona. Ne provi un'altra e peggiora. A un certo punto pensi: *"La stampante ha qualcosa che non va"* oppure *"Non sono portato per questa cosa"*.

In realtà il problema è un altro: **stai cercando soluzioni senza aver capito la causa.** Ed è questo l'errore più comune tra i principianti.

Devi capire una cosa semplice ma fondamentale: **le stampe non falliscono mai a caso.**

Ogni errore ha sempre una causa precisa. Il problema è che spesso quella causa non è evidente. Quello che vedi è solo il risultato finale. E se lavori solo su quello che vedi, stai correggendo il sintomo e non il problema.

Le 4 cause reali di quasi tutti i problemi:

Praticamente tutte le stampe fallite rientrano in queste quattro categorie:

- adesione (primo layer)
- impostazioni dello slicer
- problemi meccanici della stampante
- materiale (filamento o resina)

Non serve cercare altrove: il problema è quasi sempre qui dentro.

1. Adesione: il punto più critico:

Questo è il problema numero uno. Se il primo layer non è perfetto, la stampa è già compromessa. Sintomi classici:

- non si attacca al piano
- si stacca dopo qualche layer
- i bordi si sollevano

Cause tipiche:

- piano sporco (ditate, polvere)
- Z-offset troppo alto o troppo basso
- piano non livellato
- temperatura del piano sbagliata

Esempio reale: stampi un oggetto grande. All'inizio sembra tutto ok. Dopo un po', un angolo si solleva e poi tutta la stampa si stacca. Risultato: stampa da buttare.

Questo è il famoso **warping**.

E qui molti sbagliano: aggiungono colla, nastro o spray, ma ignorano il problema reale.

2. Impostazioni: il caos dello slicer:

Questa è la parte che manda in crisi tutti. Lo slicer ha decine di parametri e il rischio è sempre lo stesso: cambiare tutto insieme senza sapere cosa stai facendo.

Sintomi comuni:

- stringing (fili ovunque)
- superfici brutte
- layer irregolari
- dettagli poco definiti

Cause principali:

- temperatura sbagliata
- velocità non adatta
- retraction non corretta

Esempio: hai stringing, aumenti la retraction, non cambia nulla, abbassi la temperatura, peggiora, aumenti la velocità.

Risultato: caos totale.

Il problema non è che non sai cosa fare. **È che stai facendo troppe cose insieme.**

3. Problemi meccanici: la parte invisibile:

Molti ignorano completamente questo aspetto.

Ma la stampante è una macchina fisica. E se qualcosa non è stabile, la stampa ne risente.

Problemi tipici:

- cinghie lente
- viti non serrate
- asse storto
- nozzle sporco

Sintomi:

- layer shift (strati spostati)
- linee ondulate
- vibrazioni

Esempio reale: stampa perfetta per mezz'ora, poi improvvisamente gli strati si spostano.

Non è lo slicer. È la meccanica.

Se non controlli questo, puoi cambiare tutte le impostazioni che vuoi senza risolvere niente.

4. Materiale: il problema sottovalutato:

Ultima causa, ma molto più frequente di quanto pensi. Il materiale fa la differenza.

Problemi tipici:

- filamento umido
- filamento economico e instabile
- materiale sbagliato per il progetto

Sintomi:

- stringing anche con impostazioni corrette
- piccoli scoppiettii durante la stampa
- superfici irregolari.

Esempio reale: apri una bobina nuova, stampi e il risultato è pessimo.

Pensi sia la stampante. Invece è il filamento. Molti utenti scoprono che il problema era semplicemente il materiale, non le impostazioni.

L'errore che blocca tutti:

Ora arriviamo al punto più importante: **confondere il sintomo con la causa.**

Esempi:

- vedi stringing e cambi la retraction, ma il problema è l'umidità
- la stampa si stacca e metti la colla, ma il problema è il piano sporco
- i layer sono brutti e cambi temperatura, ma il problema è la velocità.

Se non fai questa distinzione, continuerai a girare in tondo.

Metodo semplice per capire la causa:

Non serve essere esperti. Serve solo un metodo.

STEP 1 — **Guarda il problema. Cosa succede?**

- non si attacca
- fa fili
- si sposta

STEP 2 — **Classifica.** A quale categoria appartiene?

- adesione
- impostazioni
- meccanica
- materiale

STEP 3 — **Intervieni su una cosa.** Mai più di una.

STEP 4 — **Testa.** Stampa qualcosa di piccolo e osserva.

Esempio pratico: Problema: la stampa si stacca.

Approccio sbagliato:

- cambi tutto

- provi mille soluzioni

Approccio corretto:

- categoria → adesione
- controlli piano pulito, Z-offset e livellamento
- modifichi una cosa
- testi

Ora hai controllo.

Punto chiave finale:

Se devi ricordare una sola cosa, è questa: **ogni stampa fallita ha una causa precisa.**

E finché non impari a collegare: problema → causa → soluzione, continuerai a:

- sprecare materiale
- perdere tempo
- frustrarti

È esattamente quello che succede nelle community: tanti tentativi, poca chiarezza.

Fig. 2 — Esempio di stampa interrotta a metà causata da vari fattori

1.3 Il passaggio dai tentativi casuali a un processo controllato

Smetti di andare a tentativi e inizia a usare un sistema controllato.

Se sei arrivato fin qui, hai già capito una cosa importante: **il problema non è la stampante. Il problema è il metodo.** Fino ad ora probabilmente hai fatto così: cambi un'impostazione, provi a stampare, non funziona, cambi un'altra cosa. E avanti così. Questo approccio ha un nome: **tentativi casuali.** E funziona? A volte sì. Ma il più delle volte:

- perdi tempo
- sprechi materiale
- non impari niente

È esattamente il motivo per cui molti utenti restano bloccati per mesi, nonostante abbiano già visto tutorial e letto guide.

Il punto di svolta

Per ottenere stampe decenti in modo costante devi fare un cambio mentale: passare da "*provare cose a caso*" a "*seguire un processo controllato*". Cosa significa? Significa che ogni modifica che fai deve essere:

- intenzionale
- isolata
- verificabile

Se non rispetti queste tre cose, stai solo andando a tentativi.

Il problema dei tentativi casuali:

Facciamo un esempio reale. Hai **stringing** (i fili sottili).

Cosa fai di solito?

- aumenti la retraction
- abbassi la temperatura
- cambi velocità
- attivi/disattivi ventola

Tutto insieme. Risultato? Magari migliora un po', magari peggiora, ma non capisci perché. Quindi la volta dopo riparti da zero. Questo è il motivo per cui ti sembra che la stampa 3D sia "***imprevedibile.***"

In realtà non lo è. **Sei tu che stai cambiando troppe variabili insieme.**

Il processo controllato (quello che funziona davvero):

Ora vediamo come devi lavorare da questo momento in poi.

STEP 1 — **Definisci il problema.** Non "*fa schifo*". Devi essere preciso.

Esempi:

- non si attacca al piano
- fa fili
- gli strati si spostano

STEP 2 — **Identifica la categoria** (quelle viste prima).

- adesione
- impostazioni
- meccanica
- materiale

STEP 3 — **Scegli una variabile.** Solo una.

Esempio: temperatura nozzle.

STEP 4 — **Modifica**. Piccoli cambiamenti:

- +5°C
- -5°C

Non stravolgere tutto.

STEP 5 — **Testa.** Stampa qualcosa di piccolo.

STEP 6 — **Osserva.** È migliorato? Peggiorato? Uguale?

Ora hai un dato reale. Questo è il processo controllato. Sembra lento, ma in realtà è molto più veloce. Perché ogni passo ti insegna qualcosa.

Fig. 3 — Esempio di stampa riuscita

1.3.1 Sintomi vs cause reali nella stampa 3D

Uno degli errori più grossi è questo: **confondere quello che vedi con il problema reale.** Quello che vedi è il sintomo. Non la causa.

Esempi concreti:

Caso 1 — **Stringing.** Sintomo: fili ovunque.

Cause possibili:

- temperatura alta
- retraction sbagliata
- filamento umido

Stesso sintomo, cause diverse.

Caso 2 — **Stampa che si stacca.**

Sintomo: non aderisce.

Cause possibili:

- piano sporco
- Z-offset sbagliato
- temperatura piano errata

Caso 3 — **Layer brutti.** Sintomo: superficie irregolare.

Cause possibili:

- velocità troppo alta
- vibrazioni
- filamento scadente

Perché è fondamentale capirlo:

Se lavori sui sintomi, vai a tentativi. Se lavori sulle cause, risolvi davvero. È questo il salto che devi fare.

Mini regola pratica:

Ogni volta che vedi un problema, chiediti: *"Quali possono essere le cause?" e non: "Quale impostazione devo cambiare?"*

1.3.2 Perché le soluzioni casuali peggiorano il problema

Quando inizi a cambiare cose a caso, succede questo: **crei nuovi problemi mentre cerchi di risolverne uno.** E spesso non te ne accorgi.

Effetto domino:

Esempio: Hai stringing e abbassi la temperatura.

Risultato: meno stringing, ma scarsa adesione tra layer. Quindi la stampa diventa fragile.

E ora hai un problema in più.

Perdita totale di controllo quando cambi:

- temperatura
- velocità
- flow
- retraction

tutti insieme, perdi completamente il controllo. Non sai più:

- cosa ha funzionato
- cosa ha peggiorato

Ed è per questo che molti dicono: *"oggi funziona, domani no"*.

Metodo corretto (da ricordare):

- una modifica alla volta
- test piccolo
- osservazione

Esempio pratico completo

Problema: stringing.

Approccio sbagliato:

- cambi tutto
- provi mille cose

Approccio corretto:

- sintomo → stringing
- cause possibili → temperatura
- modifica → -5°C
- test
- osserva.Ora hai controllo.

Punto chiave finale:

La differenza tra chi riesce e chi resta bloccato è questa: **il metodo.**

Non la stampante. Non il filamento. Non l'esperienza. Solo il metodo. Se smetti di andare a tentativi e inizi a controllare quello che fai, le stampe iniziano a migliorare davvero. E da lì, tutto diventa più semplice.

Fig. 4 — Esempio di confronto tra stampa fallita (spaghetti) e stampa riuscita

CAPITOLO 2

COME SCEGLIERE LA TUA PRIMA STAMPANTE 3D SENZA BUTTARE SOLDI

2.1 FDM vs resina: scegliere in base a ciò che vuoi davvero stampare

Se stai per comprare la tua prima stampante 3D, ti troverai subito davanti a questa scelta: **FDM o resina?**

E qui succede quasi sempre la stessa cosa: vai su YouTube, vedi miniature perfette, dettagli incredibili e pensi: *"Ok, voglio quella qualità."* Quindi scegli la resina. Poi la usi… e iniziano i problemi. Non perché la resina sia sbagliata, ma perché hai scelto senza capire davvero cosa ti serve. Questo è uno degli errori più comuni tra i principianti: **scegliere in base all'estetica, non all'uso reale.**

La domanda che devi farti (prima di comprare)

Dimentica per un attimo recensioni e video. Fermati e chiediti: *"Cosa voglio stampare davvero?"*. Non in teoria. Non *"forse"*. Davvero.

Esempi concreti:• vuoi stampare oggetti utili in casa?

- vuoi fare miniature super dettagliate?
- vuoi pezzi grandi?
- vuoi prototipi o oggetti funzionali?

La risposta cambia completamente tutto.

Differenza reale tra FDM e resina (senza complicazioni)

FDM (filamento)Funziona così:

- scioglie plastica (PLA, PETG, ecc.)
- costruisce l'oggetto strato su strato

Risultato:

- oggetti solidi
- meno dettagli fini
- più tolleranza agli errori**Resina**Funziona così:
- usa liquido fotosensibile
- solidifica con luce UV

Risultato:

- dettagli altissimi
- superfici lisce
- precisione elevata

Fin qui sembra che la resina sia meglio. Ma non è così semplice.

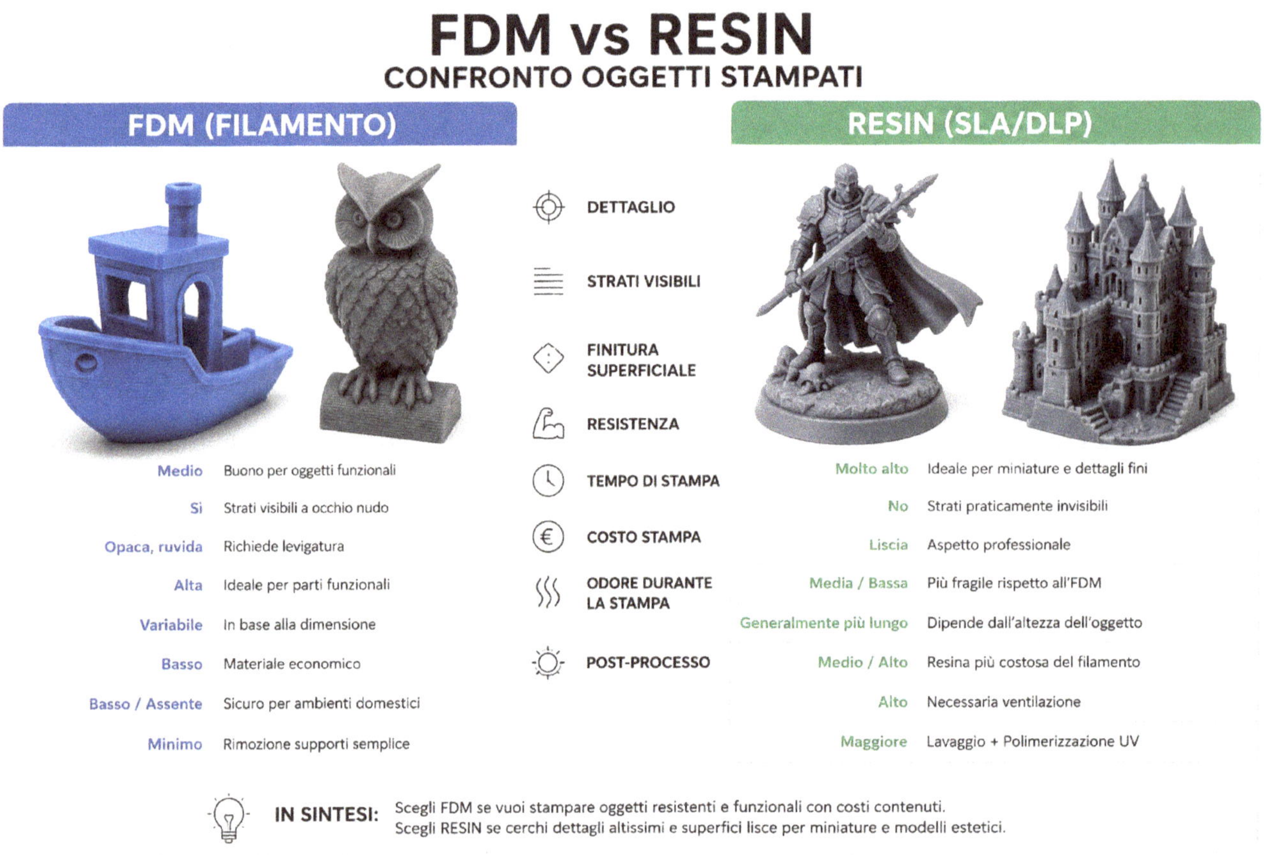

Fig. 5 — Esempio di confronto tra stampa con FDM e stampa con resina

L'errore più comune

Molti scelgono la resina pensando: *"Stampa meglio, quindi è la scelta giusta."*

Poi però scoprono che:

- è più sporca
- richiede più passaggi
- è meno tollerante agli errori
- ha odori e gestione più complessa

E lì arriva la frustrazione. È lo stesso schema che si vede continuamente nelle community: entusiasmo iniziale → problemi → confusione.

2.1.1 Quando l'FDM è la scelta giusta

Se sei all'inizio, nella maggior parte dei casi **FDM è la scelta migliore.** Non perché sia *"più avanzata"*, ma perché è più semplice da gestire e imparare.

Scegli FDM se vuoi:

- stampare oggetti utili (supporti, contenitori, pezzi di ricambio)
- stampare oggetti grandi
- imparare senza complicarti la vita
- fare tanti test senza stress

Esempi reali

Con una stampante FDM puoi fare:

- supporti per smartphone
- organizer per cassetti
- pezzi rotti (clip, agganci, staffe)
- prototipi

E soprattutto: **puoi sbagliare senza impazzire.**

Se qualcosa va storto, nella maggior parte dei casi basta pulire il piano e ripartire.

Vantaggi concreti

- meno odori
- meno manutenzione
- meno passaggi
- più facilità nel troubleshooting

È perfetta per chi:

- è all'inizio
- vuole capire come funziona tutto

Limiti

- dettagli meno fini
- layer visibili
- superfici meno lisce

Ma nella pratica questi limiti non ti bloccano e non ti impediscono di imparare.

Punto chiave

Se non hai esigenze specifiche, scegli FDM e parti subito.

2.1.2 Quando la resina vale la complessità extra

La resina non è sbagliata. È solo più esigente. Ed è perfetta in un caso preciso: **quando il dettaglio è fondamentale.**

Scegli resina se vuoi:

- miniature (tipo Warhammer o modellismo)
- figure dettagliate
- oggetti piccoli e precisi
- superfici lisce senza layer visibili

Differenza visiva

Una miniatura stampata:

- in FDM → dettagli meno definiti
- in resina → dettagli puliti e professionali

Qui la resina vince senza dubbio. **Ma c'è il prezzo da pagare.** La resina richiede più lavoro. Non è semplicemente *"premi e stampa."*

Il processo è questo:

- stampa
- lavaggio (alcool isopropilico)
- asciugatura
- cura UV
- pulizia.

Problemi reali che incontrerai

Se scegli la resina all'inizio, aspettati:

- gestione più sporca
- odori
- necessità di spazio dedicato
- più passaggi dopo la stampa

Molti utenti si frustrano proprio qui: pensavano fosse semplice… ma non lo è.

Esempio concreto

Vuoi stampare una miniatura. Con FDM viene utilizzabile, ma più grezza. Con resina viene perfetta. Ma c'è una differenza enorme:

- FDM → facile e veloce
- resina → più lavoro e più attenzione

Domanda fondamentale

Prima di scegliere la resina chiediti: *"Sono disposto a gestire tutto il processo?"*

Se la risposta è: *"voglio qualcosa di semplice"*, evita la resina all'inizio.

Regola pratica (molto importante)

Non scegliere la stampante più "bella". Scegli quella più adatta a te.

Se sei indeciso, scegli FDM. Perché:

- impari più velocemente
- fai meno errori gravi
- hai meno frustrazione

E poi, se serve, passi alla resina più avanti. È esattamente il percorso più comune tra gli utenti: prima FDM, poi eventualmente resina.

Conclusione finale

FDM = semplice, versatile, ideale per iniziare.

Resina = precisa, ma più complessa

Se fai la scelta giusta qui, ti eviti settimane di frustrazione. Se la sbagli, inizi già in salita.

E nella stampa 3D partire male significa una cosa sola: perdere tempo… e smettere troppo presto.

Fig. 5 — Esempio di confronto tra stampa con FDM e stampa con resina

2.2 Come evitare l'errore della "stampante sbagliata"

Uno degli errori più frustranti nella stampa 3D è questo: comprare una stampante e accorgersi dopo pochi giorni che non è quella giusta. Succede molto più spesso di quanto pensi. All'inizio sei carico: monti tutto, fai le prime prove, magari una stampa riesce anche. Poi iniziano i problemi:

- qualità che non ti soddisfa
- difficoltà a gestire la macchina
- impostazioni complicate
- risultati incoerenti

E inizi a pensare: *"Forse ho sbagliato stampante."* Nella maggior parte dei casi, hai ragione.

Perché si sceglie la stampante sbagliata

Non è una questione di fortuna. È quasi sempre lo stesso schema. Le persone scelgono in base a:• recensioni online

- video YouTube
- "questa è la migliore sotto i 300€"
- prezzo basso

Ma ignorano una cosa fondamentale: **il proprio uso reale.** Questo porta a comprare stampanti che:

- sono troppo complesse
- non sono adatte al tipo di stampa
- richiedono più esperienza di quella che hai

Ed è esattamente il tipo di errore che porta alla frustrazione iniziale.

I 3 errori più comuni (da evitare subito)

1. **Scegliere in base al prezzo**

"Prendo quella più economica, poi si vedrà". Una stampante troppo economica spesso significa:

- più problemi
- meno stabilità
- più tempo perso

Non devi comprare la più costosa, ma nemmeno la più economica "a caso".

2. **Scegliere in base alle prestazioni teoriche**

"Questa stampa a 300 mm/s!"; *"Questa ha una precisione altissima!"*. Ma poi:

- non sai usarla
- non sai configurarla
- non riesci a sfruttarla

Quindi quelle prestazioni non ti servono a nulla.

3. **Copiare la scelta degli altri**

"Questo modello lo consigliano tutti." Ma tu non sei "tutti". Magari quel modello è perfetto per:

- chi ha già esperienza
- chi stampa cose specifiche
- chi ha tempo da dedicare

Ma per te potrebbe essere troppo.

Il problema vero

Quando compri la stampante sbagliata succede questo: **ogni errore diventa più difficile da risolvere.** E quindi:

- ti frustri
- pensi di sbagliare tu
- perdi motivazione

È esattamente quello che emerge dalle discussioni online: persone che si bloccano non perché incapaci, ma perché partono male.

Come scegliere senza sbagliare (metodo semplice)

Non serve diventare esperto. Ti basta seguire questo schema.

STEP 1 — **Definisci il tuo obiettivo reale.** Chiediti: *"Cosa voglio stampare nel 90% dei casi?"*. Non una volta ogni tanto. La maggior parte delle volte.

Esempi:

- oggetti utili → FDM semplice
- miniature → resina
- oggetti grandi → FDM

STEP 2 — **Valuta il tuo livello.** Sii onesto: sei all'inizio. Quindi evita stampanti:

- troppo complesse
- troppo "avanzate"
- che richiedono configurazioni pesanti

STEP 3 — **Scegli la semplicità.** All'inizio vince quasi sempre la stampante più semplice da usare. Perché:

- fai meno errori
- impari più velocemente
- ottieni risultati prima

STEP 4 — **Considera il tempo che vuoi dedicare.** Questa è una domanda che quasi nessuno si fa: *"Quanto tempo voglio dedicarci?"*. Perché alcune stampanti richiedono:

- più calibrazione
- più manutenzione
- più test

Se hai poco tempo, scegli qualcosa di semplice e stabile.

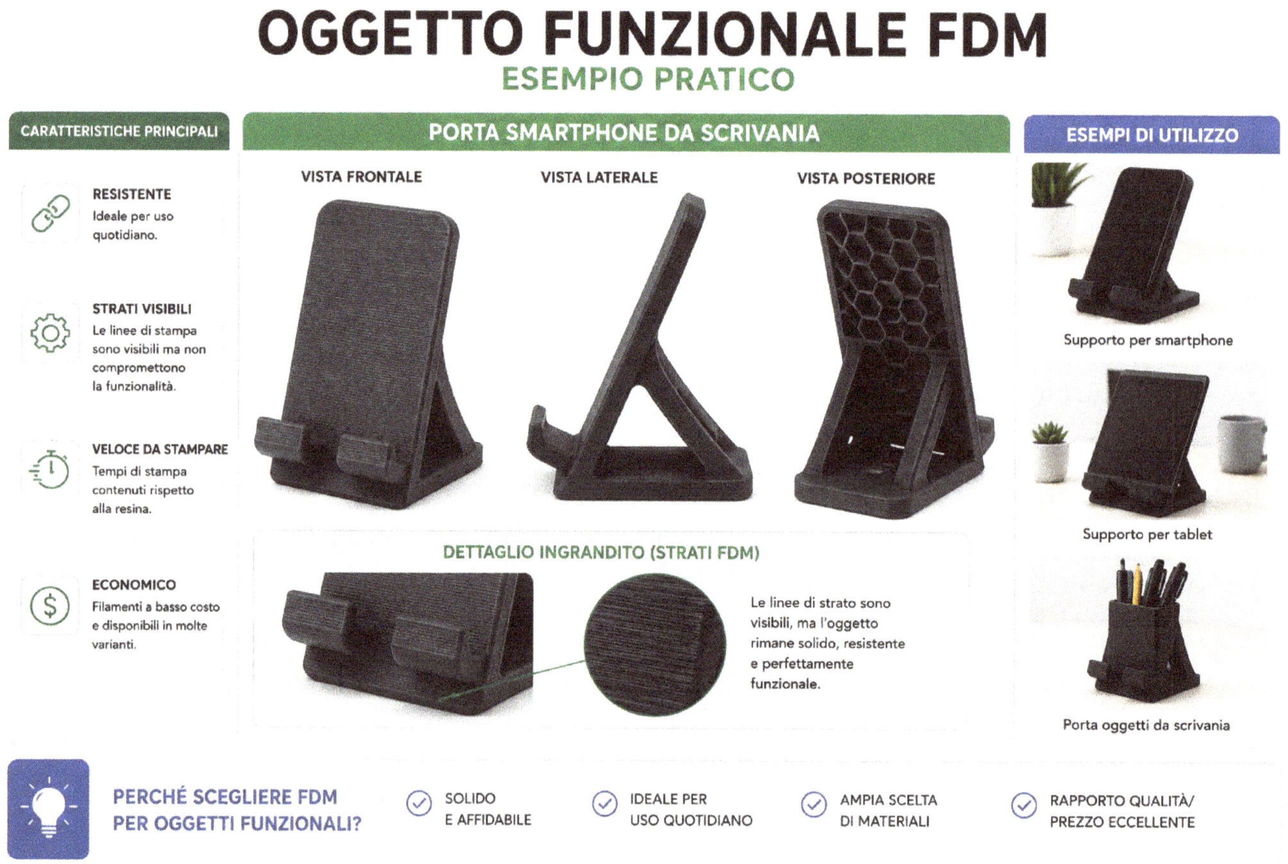

Fig. 7 — Esempio di stampa di un oggetto funzionale con FDM

Esempio reale

Caso 1: Compri una stampante complessa, piena di funzioni. Risultato:

- non capisci cosa fare
- non ottieni risultati
- ti blocchi

Caso 2: Compri una stampante semplice. Risultato:

- impari velocemente
- ottieni stampe decenti
- migliori passo dopo passo

Quale preferisci?

Segnale che hai scelto male se dopo pochi giorni:

- sei confuso
- cambi impostazioni a caso
- non capisci gli errori

probabilmente quella stampante è troppo complessa per il tuo livello attuale. Non è una colpa. È solo una scelta sbagliata. **Se una stampante sembra complicata… lo è.** All'inizio la complessità è il tuo peggior nemico.

Come evitare davvero l'errore

Riassunto veloce:

- scegli in base a cosa stampi
- scegli in base al tuo livello
- scegli la semplicità
- evita hype e numeri inutili

Se vuoi evitare errori, non cercare la stampante perfetta. Cerca quella più adatta a te adesso. Perché la verità è questa: **la prima stampante serve per imparare, non per fare tutto perfetto.** La differenza tra chi continua e chi abbandona è spesso qui: **la scelta iniziale.**

Se scegli bene:

- impari
- migliori
- continui

Se scegli male:

- ti blocchi
- ti frustri
- molli

E nella stampa 3D succede spesso proprio così. Se fai una scelta semplice e coerente con quello che ti serve davvero, hai già evitato metà dei problemi che arrivano dopo.

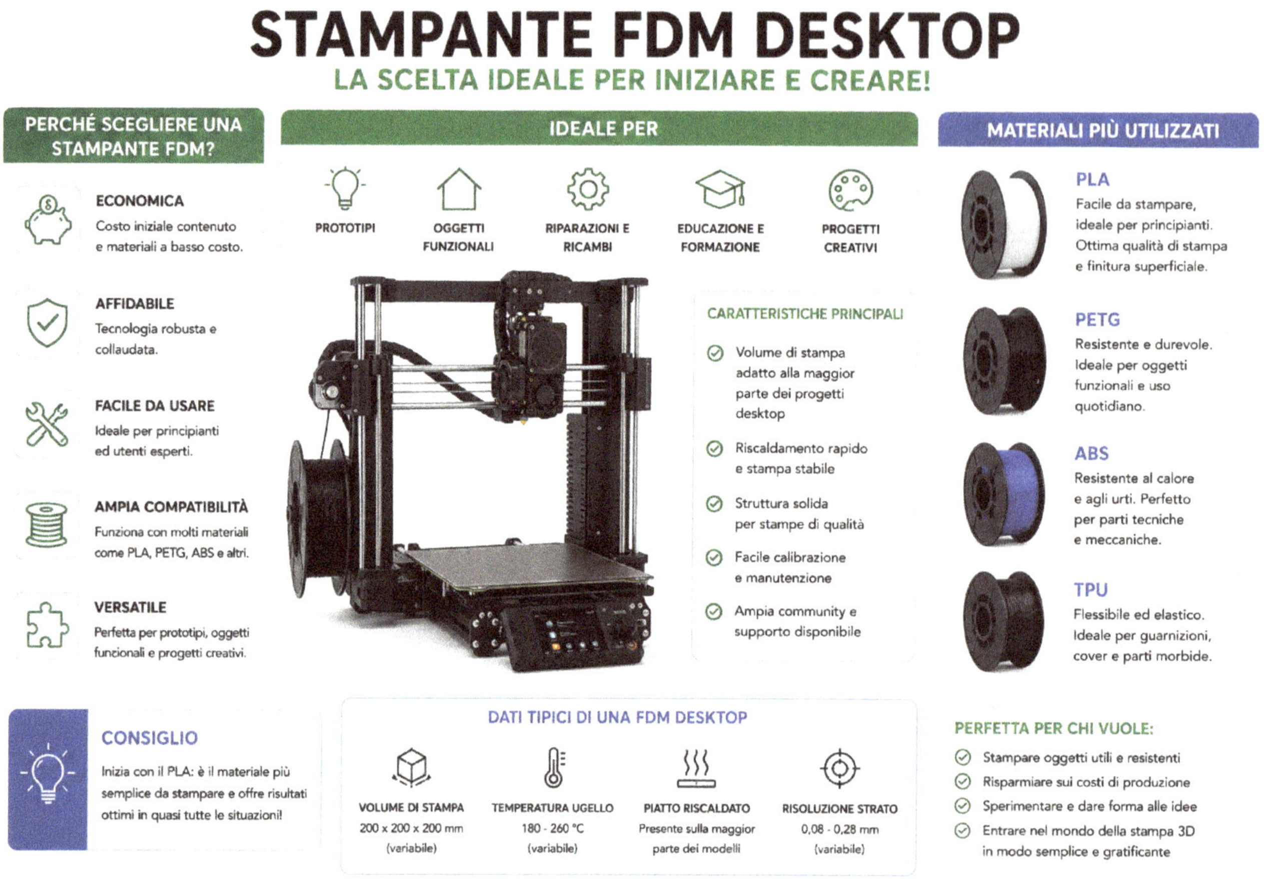

Fig. 8 — Esempio di una stampante moderna FDM

Fig. 9 — Esempio di una stampante moderna a resina con wash/cure

2.3 Ecosistemi aperti vs chiusi (e perché conta più avanti nel tempo)

Quando scegli una stampante 3D, c'è una cosa che quasi nessuno considera all'inizio: **l'ecosistema.** All'inizio non ci pensi perché vuoi solo una cosa: stampare qualcosa che funzioni. Ma dopo qualche settimana succede questo:

- vuoi migliorare la qualità
- vuoi provare nuovi materiali
- vuoi risolvere problemi più velocemente.

E lì scopri una cosa importante: **non tutte le stampanti ti lasciano fare tutto allo stesso modo.** Alcune sono "aperte". Altre sono "chiuse". E questa differenza può cambiare completamente la tua esperienza.

Cosa significa davvero "ecosistema"

In pratica, è tutto quello che ruota attorno alla stampante:• software (slicer)

- materiali compatibili
- aggiornamenti
- accessori
- comunità di utenti.

E soprattutto: **quanto puoi personalizzare e controllare la tua macchina.**

Le stampanti a ecosistema aperto sono quelle più "libere" perché puoi:

- usare diversi slicer (Cura, PrusaSlicer, ecc.)
- modificare impostazioni avanzate
- usare filamenti di qualsiasi marca
- cambiare componenti.

Hai controllo totale.

Le stampanti a ecosistema chiuso sono più "guidate" e di solito:• hanno software proprietario

- funzionano meglio con materiali specifici
- limitano alcune modifiche. Hai meno libertà, ma più semplicità

All'inizio l'errore tipico dei principianti è pensare: *"Meglio tutto libero, così posso fare di più."* Sembra logico. Ma nella pratica, troppa libertà all'inizio significa spesso più confusione perché:

- non sai cosa modificare
- non sai cosa toccare
- non sai cosa è giusto o sbagliato

Ed entri di nuovo nel loop dei tentativi casuali.

2.3.1 I rischi di blocco che non vedi all'inizio

Ora vediamo il lato opposto. Le stampanti chiuse sembrano perfette all'inizio perché:

- funzionano subito
- sono più facili
- riducono gli errori

Ma c'è un problema che emerge dopo: **il blocco.**

Cos'è il "lock-in"

Significa questo: **sei vincolato al sistema del produttore.** Esempi pratici:

- puoi usare solo certi materiali
- devi usare il loro software
- alcune impostazioni sono limitate

All'inizio non lo noti. Ma dopo un po' ti accorgi che non puoi fare quello che vuoi.

Esempio reale

All'inizio stampi e tutto funziona bene. Poi vuoi:

- migliorare la qualità
- provare un filamento diverso
- fare modifiche e scopri che non puoi farlo, oppure che è molto complicato.

Quando diventa un problema

Il **lock-in** diventa frustrante quando:

- inizi a capire di più
- vuoi sperimentare
- vuoi migliorare e ti senti limitato.

Ma attenzione questo NON significa che le stampanti chiuse siano sbagliate. Dipende da quando le usi. All'inizio possono essere perfette perché:

- riducono errori
- ti fanno partire subito
- ti evitano confusione

Regola pratica

- meno esperienza hai → più semplicità ti serve
- più esperienza hai → più libertà ti serve

2.3.2 Supporto della community vs limiti dei sistemi proprietari

C'è un altro aspetto fondamentale che spesso viene sottovalutato: **la community.**

Quando hai un problema, cosa fai? Cerchi online. Ed è qui che cambia tutto.

Stampanti aperte → community enorme

Se usi una stampante diffusa e aperta:

- trovi guide • trovi soluzioni
- trovi video specifici
- trovi persone con lo stesso problema e questo è un vantaggio enorme.

Sistemi chiusi → supporto limitato

Se usi una stampante più chiusa:

- trovi meno guide
- trovi meno esempi
- trovi meno soluzioni condivise e quindi dipendi molto di più dal produttore.

Esempio pratico

Hai un problema di **stringing**. Con una stampante diffusa cerchi online e trovi subito decine di soluzioni mentre con una stampante meno diffusa, invece, potresti trovare poco o niente.

Perché questo è importante

All'inizio sbaglierai. È normale. La vera differenza è questa: **quanto velocemente trovi la soluzione** e questo dipende moltissimo dalla community.

Ecco una guida semplice su come scegliere senza complicarti la vita se vuoi partire facile:

- scegli qualcosa di più "guidato"
- meno impostazioni
- meno libertà, perfetto per iniziare.

Se vuoi imparare di più:

- scegli qualcosa di più aperto
- più controllo
- più possibilità

Ma anche più responsabilità

Decisione intelligente

Non devi scegliere *"il migliore."* Devi scegliere quello più adatto alla tua fase attuale. All'inizio ti servono:

- semplicità
- stabilità
- meno confusione

Più avanti ti serviranno:

- controllo
- libertà
- personalizzazione

Conclusione

Ecosistema aperto o chiuso? Non esiste una risposta unica. Esiste solo questa domanda: *"Cosa ti serve adesso?"* Se scegli in base a questo:

- eviti errori
- impari più velocemente
- riduci la frustrazione

E nella stampa 3D questo fa davvero tutta la differenza.

CAPITOLO 3

GLI ERRORI DI SETUP CHE ROVINANO LE TUE STAMPE (E COME EVITARLI)

3.1 Cosa ti serve davvero (e cosa no)

Quando compri una stampante 3D, succede sempre la stessa cosa. Sei motivato. Vuoi partire subito. Vai online e cerchi: *"cosa serve per iniziare con la stampa 3D"*. E lì trovi di tutto:

- liste infinite
- kit "essenziali"
- accessori consigliati
- upgrade "obbligatori"

E inizi a pensare: *"Se non compro queste cose, sbaglio qualcosa"*. Così riempi il carrello.

Il problema? **La maggior parte di quelle cose non ti serve.** E peggio ancora: ti complica la vita invece di semplificarla. Questo è uno dei pattern più chiari tra i principianti: comprare troppo, troppo presto, senza capire davvero a cosa serve. **Il vero rischio non è solo economico,** non si tratta solo di spendere soldi inutilmente. Il problema più grande è questo: **perdi il focus.**Invece di concentrarti su:

- capire la stampante
- fare bene il primo layer
- ottenere una stampa riuscita

inizi a pensare:

- quale accessorio usare
- cosa montare
- cosa migliorare

E ti perdi…Risultato:

- confusione
- frustrazione
- stampe che continuano a fallire

Regola fondamentale (da ricordare sempre): all'inizio meno è meglio.

Più cose aggiungi:

- più variabili introduci
- più errori puoi fare

Se invece parti semplice, capisci tutto molto più velocemente. Ora vediamo cosa ti serve davvero, **il minimo indispensabile**. Non teoria, ma roba concreta che userai subito.

3.1.1 Strumenti essenziali che evitano errori fin da subito

Questi strumenti non sono optional. Sono quelli che fanno la differenza tra partire bene e partire male.

1. **Alcol isopropilico** (IPA)

Questo è il più importante. Serve per pulire il piano di stampa. Perché è così fondamentale? Perché il 90% dei problemi iniziali viene da lì. Piano sporco = stampa che non si attacca. E spesso non te ne accorgi. Basta:

- toccarlo con le dita
- lasciare residui
- avere polvere

E il primo layer fallisce. Questo è uno dei problemi più discussi nelle community: stampe che si staccano senza motivo apparente.

Come usarlo (semplice)

- spruzza un po' di IPA
- passa con carta o panno
- fallo prima di ogni stampa

Tempo: 10 secondi. Impatto: enorme.

2. **Spatola / scraper**

Serve per rimuovere le stampe dal piano. Perché è importante? Perché se forzi con le mani rischi di:

- rovinare il piano
- rompere la stampa
- graffiare la superficie

3. **Tronchesine (tagliafilo)**

Servono per:

- rimuovere supporti
- pulire imperfezioni
- rifinire stampe

Non sono indispensabili al 100%, ma ti facilitano molto la vita.

4. **Filamento PLA di buona qualità**

Qui molti sbagliano. Pensano: *"Uno vale l'altro"*. Non è vero. Un PLA scadente può causare:

- stringing
- problemi di estrusione
- risultati incoerenti

E tu pensi che sia colpa della stampante.

5. **Chiavi a brugola/toolkit base**

- indispensabile per tensionare cinghie
- manutenzione generale
- sostituire nozzle
- regolare eccentric nuts

6. **Aghi pulizia nozzle**

- servono per pulire gli ugelli intasati e mantenere l'estrusione pulita

7. **Calibro digitale**

- utile per misurazioni precise di stampe, nozzle, parti e tolleranze

8. **Superficie pulita e ambiente stabile**

Non è un "oggetto", ma è fondamentale. Evita:

- correnti d'aria
- superfici instabili
- ambienti sporchi

Molti problemi di warping e adesione vengono da qui. **Riassumendo,** Ti serve:

- IPA
- spatola
- tronchesine
- PLA buono
- chiavi a brugola
- aghi pulizia nozzle
- calibro digitale
- superficie pulita e ambiente stabile

Fine. Non 20 strumenti. Non upgrade. Tutto il resto può aspettare.

KIT BASE ESSENZIALE PER INIZIARE

GLI STRUMENTI CHE SERVONO DAVVERO PER EVITARE ERRORI FIN DA SUBITO

1. ALCOOL ISOPROPILICO (IPA)

Rimuove grasso e residui dal piano migliorando l'adesione del primo layer.

4. FILAMENTO PLA DI QUALITÀ

Parti sempre con PLA di buona qualità. È il più semplice e affidabile.

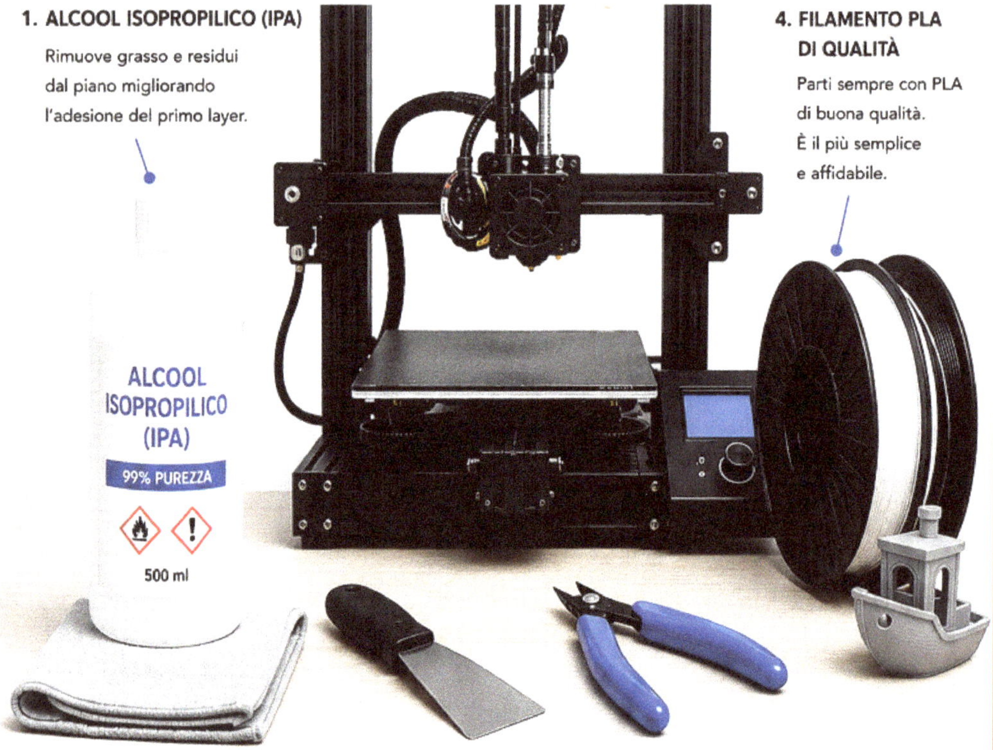

DA USARE SEMPRE

Pulisci il piano prima di ogni stampa.

2. SPATOLA / SCRAPER

Serve per rimuovere le stampe dal piano senza danneggiarlo.

3. TRONCHESINE

Utili per rimuovere supporti e rifinire le stampe in modo preciso.

PARTI SEMPRE CON PLA

È il materiale più facile da stampare e ti permette di imparare senza stress.

ERRORI COMUNI DA EVITARE

- Comprare troppi accessori subito all'inizio.
- Fare upgrade alla stampante senza prima capire le basi.
- Usare filamento economico o materiali avanzati subito.
- Usare spray o colle senza capire la causa reale del problema di adesione.
- Aggiungere troppe variabili e complicare il processo.

5. CHIAVE A BRUGOLA / TOOLKIT BASE

Indispensabile per:

- tensionare cinghie
- manutenzione generale
- sostituire nozzle
- regolare eccentric nuts

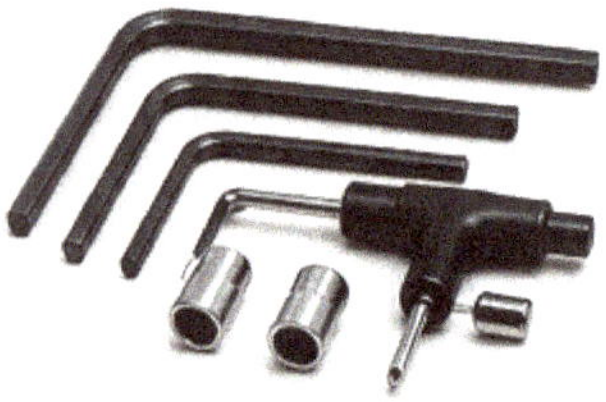

6. AGHI PULIZIA NOZZLE

Molto comuni nei kit iniziali. Servono per pulire ugelli intasati e mantenere l'estrusione pulita.

7. CALIBRO DIGITALE

Utile per misurazioni precise di stampe, nozzle, parti e tolleranze.

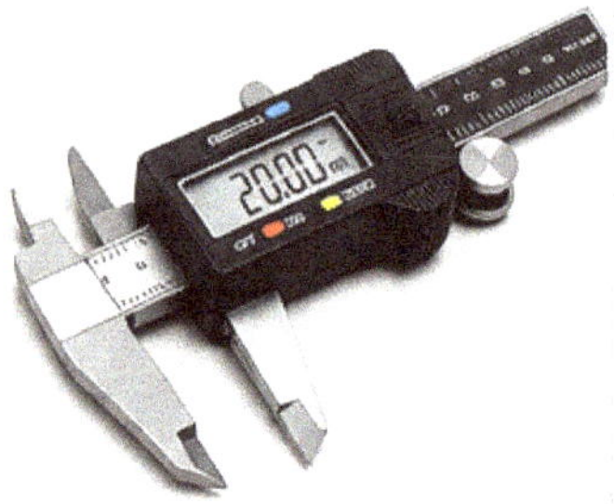

TI SERVE DAVVERO

- Alcool isopropilico (IPA)
- Spatola / scraper
- Tronchesine (tagliafilo)
- Chiave a brugola / toolkit base
- Aghi pulizia nozzle
- Calibro digitale
- Filamento PLA di buona qualità
- Superficie pulita e ambiente stabile (senza correnti d'aria)

OBIETTIVO PRINCIPALE

Ottenere stampe di qualità capendo la stampante e il processo, un passo alla volta.

PULISCI IL PIANO (CON IPA) → FAI UN PRIMO LAYER PERFETTO → STAMPE RIUSCITE E COSTANTI

REGOLA D'ORO: Se non sai perché ti serve, non comprarlo.
All'inizio, meno è meglio.

RICORDA: Pianifica, semplifica, impara e migliora passo dopo passo.

Fig. 10 — Esempio di un kit base essenziale per iniziare

3.1.2 Acquisti inutili che fanno i principianti

Ora vediamo dove si sbaglia davvero. Perché è qui che si buttano soldi e si crea confusione.

1. Upgrade appena comprata la stampante

Errore tipico: "Miglioro subito la macchina"E quindi:

- cambi hotend
- cambi ventole
- cambi estrusore

Problema? Non sai ancora usare la versione base. Di conseguenza:

- non capisci cosa funziona
- non capisci cosa peggiora

E perdi completamente il controllo

2. Sensori automatici (tipo BLTouch)

Molti pensano: *"Così non devo livellare il piano"*. In realtà:

- devi comunque capire il livellamento
- devi configurarlo
- devi sapere cosa stai facendo

E spesso succede questo: peggiori la situazione invece di migliorarla. È un classico: comprare qualcosa senza capirlo = frustrazione.

3. Prodotti "magici" per adesione

Quando la stampa non si attacca:

- vai su Amazon
- compri spray, colle o adesivi

Ma il problema reale è quasi sempre:

- Z-offset sbagliato
- piano non pulito
- primo layer fatto maleNon la superficie

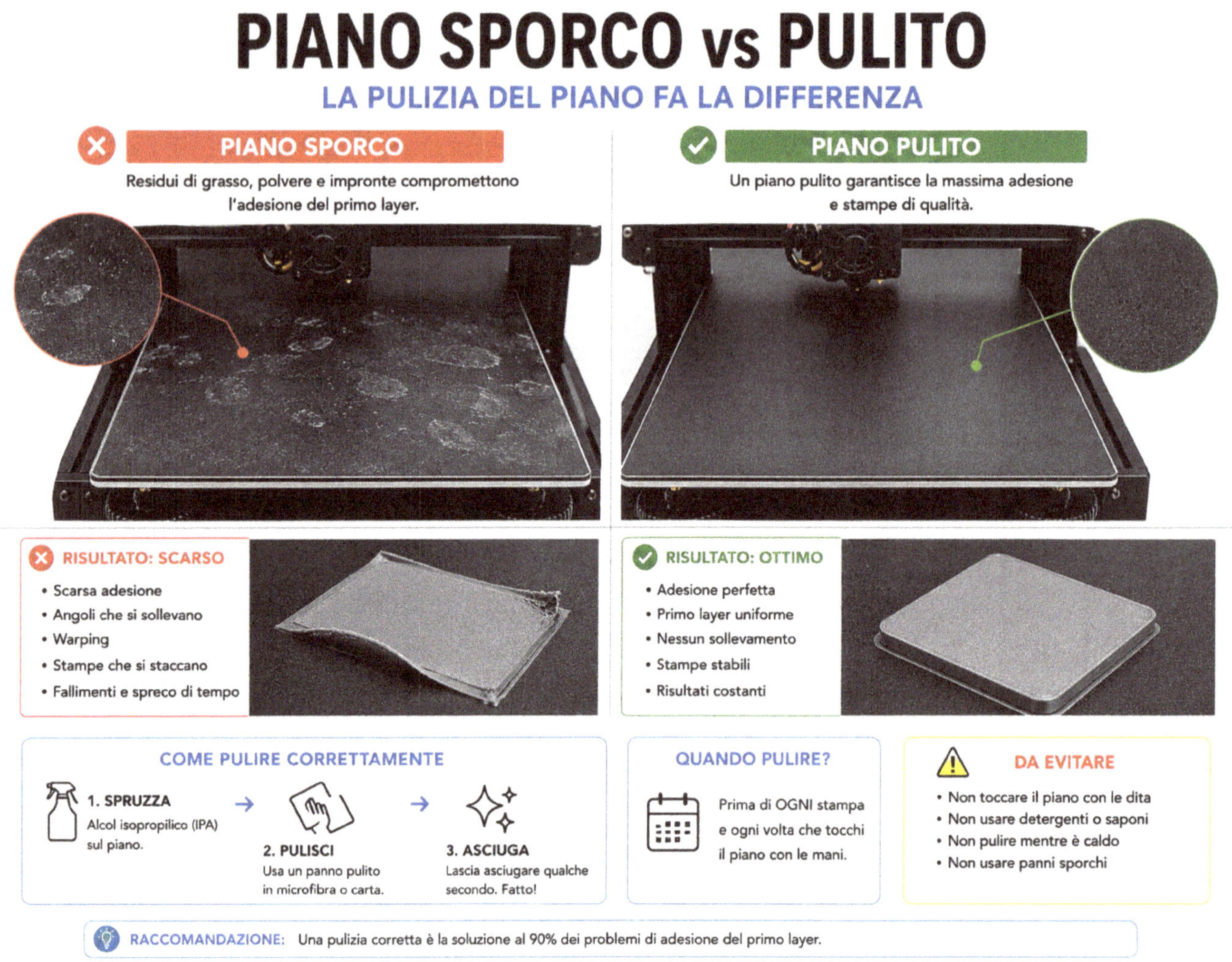

Fig. 11 — Esempio di un piano sporco e di un piano pulito

4. Filamenti avanzati subito

Errore: comprare PETG, ABS o TPU all'inizio. Problema:

- sono più difficili
- più sensibili
- introducono più variabili

E quindi: più errori. Parti sempre con PLA.

5. Kit "completi" consigliati online

Liste tipo: *"10 cose indispensabili per iniziare"*. In realtà spesso sono pensate per vendere, non per aiutarti. **Esempio reale (molto comune):**

Scenario 1

Compri stampante, accessori e upgrade. Risultato:

- troppe variabili
- non capisci cosa succede
- stampe fallite

Scenario 2

Compri solo il minimo. Risultato:

- capisci la macchina
- impari più velocemente
- migliori passo dopo passo

Questo è il percorso giusto.

Regola pratica (importantissima): Se non sai perché ti serve, non comprarlo.

Scrivila. Tienila davanti. L' **obiettivo reale del setup** non è avere tutto ma è questo: ottenere una stampa riuscita. E per farlo:

- non serve tecnologia extra
- non servono upgrade
- non serve spendere di più

Serve: **semplicità + metodo.** La stampa 3D è già complessa di suo. Se aggiungi:

- strumenti inutili
- accessori a caso
- modifiche premature

aumenti solo il caos. Ed è esattamente quello che succede a molti utenti:

- confusione
- tentativi casuali
- frustrazione

Conclusione

Se vuoi partire davvero bene:

- compra solo ciò che serve
- evita upgrade iniziali
- usa PLA
- mantieni tutto semplice

Perché la verità è questa: non ti serve di più per stampare bene. Ti serve capire quello che stai facendo. E meno roba hai intorno, più velocemente ci arrivi.

3.2 Configurare la stampante nel modo giusto

Qui si gioca tutto. Puoi avere:

- una buona stampante
- un buon filamento
- un file perfetto

Ma se il setup è fatto male, la stampa fallisce lo stesso. Ed è uno dei motivi principali per cui tanti principianti si bloccano subito. Fanno così: montano la stampante in fretta, accendono, caricano un file e stampano. Senza controllare niente.

Risultato:

- non si attacca al piano
- linee storte
- oggetti che si spostano
- stampe da buttare

E da lì parte il caos:

- modifiche a caso
- video su YouTube
- confusione totale

Il problema? Non è la stampante. È il setup fatto male. Un concetto chiave è che se sbagli il setup iniziale, ti porti dietro problemi per settimane. Ogni stampa sarà più difficile da capire. Ogni errore sembrerà "casuale" ma in realtà stai partendo da una base sbagliata.

L'obiettivo reale del setup non è "*accendere e stampare*" ma è questo: creare una base stabile, pulita e prevedibile. Se la base è giusta, anche le impostazioni semplici funzionano. Se la base è sbagliata, niente funzionerà davvero.

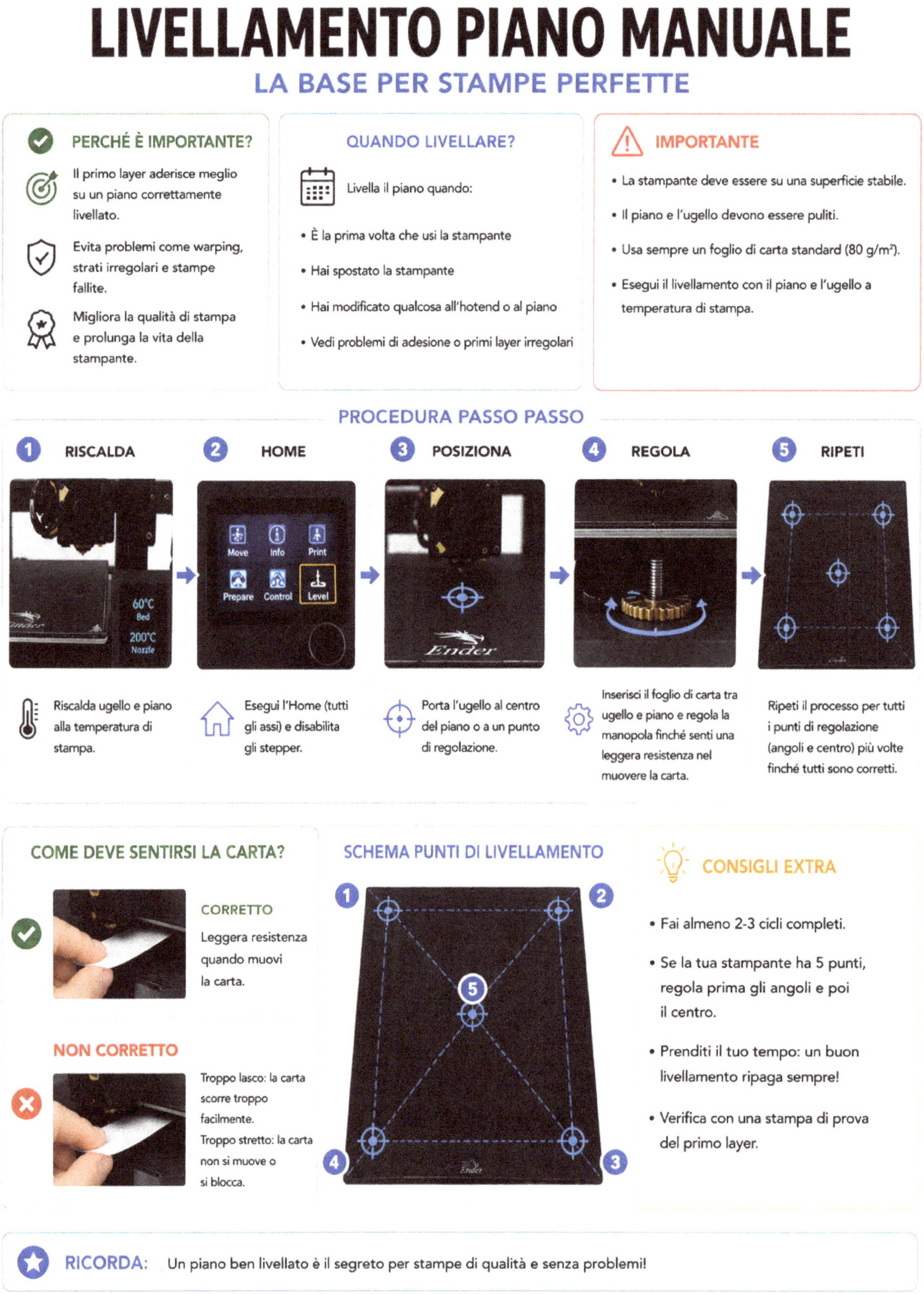

Fig. 12 — Esempio procedura per livellare manualmente il piano

Errore numero uno: montare tutto di fretta

Molti sottovalutano il montaggio. Pensano: *"È già pronta, basta assemblarla"*. E invece piccoli errori qui diventano grandi problemi dopo.

Occorre controllare subito la struttura stabile. La stampante deve essere:

- ferma
- stabile
- senza oscillazioni

Se il tavolo si muove o la stampante vibra, lo vedrai direttamente sulla stampa: linee irregolari, superfici brutte, precisione bassa. Controlla le **viti e il telaio:**

- che tutto sia ben serrato
- che non ci siano giochi
- che le parti siano allineate

Una vite lenta può causare errori continui difficili da capire. **Le cinghie** devono essere tese, ma non troppo.

Se sono molli:

- layer shift
- linee imprecise

Se sono troppo tese:

- stress meccanico
- movimenti rigidi

Esempio reale: Stai stampando. Dopo un'ora gli strati si spostano. Pensiero tipico: *"Errore del file"*. In realtà: cinghia lenta.

Errore numero due: ignorare il piano di stampa

Questo è il punto più critico. Se il piano non è corretto, il primo layer fallisce. E se il primo layer fallisce, tutto il resto è inutile.

Occorre controllare subito il piano:

- deve essere pulito
- non deve muoversi
- deve essere uniforme

Molti pensano: *"È nuovo, sarà a posto"*. Errore.

Errore numero tre: piano sporco

Questo è uno dei problemi più comuni. Tocchi il piano con le dita, lasci grasso, stampi… e non si attacca. E pensi: *"Problema di temperatura"*, no. È sporco.

Soluzione immediata

- usa alcol isopropilico
- pulisci prima di stampare
- non toccarlo dopoTempo: 10 secondi. Risultato: enorme.

Errore numero quattro: ambiente sbagliato

Quasi nessuno ci pensa. Ma influisce tantissimo.

Problemi tipici:

- correnti d'aria
- stanza fredda
- tavolo instabile

Effetti:

- warping
- layer irregolari
- stampe che si staccano

Soluzione semplice• usa una superficie solida

- evita finestre aperte vicino
- stampa in un ambiente stabile

Errore numero cinque: partire senza controlli

Questo è il più grave. Accendi e stampi senza verificare nulla. **Procedura corretta (semplice ma fondamentale).**

Prima della prima stampa fai questo.

STEP 1 — **Controllo meccanico**

- viti
- cinghie
- stabilità

Tempo: un minuto. Evita problemi enormi.

STEP 2 — Pulizia piano

- IPA
- panno

Migliora subito l'adesione.

STEP 3 — **Controllo asse Z**

Deve:

- muoversi fluido
- non bloccarsi

STEP 4 — **Controllo nozzle**

Deve essere:

- pulito
- libero

STEP 5 — **Carica il filamento correttamente**

Assicurati che:

- scorra bene
- non sia incastrato

Tutto questo è fondamentale perché senza questi controlli ogni problema sembra casuale. E quindi:

- cambi impostazioni
- provi cose a caso
- perdi tempo

È esattamente quello che succede alla maggior parte dei principianti.

Mini checklist (da salvare). Prima di stampare:

- stampante stabile
- viti serrate
- cinghie corrette
- piano pulito
- nozzle ok

Se uno di questi è sbagliato, la stampa può fallire.

Un errore mentale (importantissimo) è quello di pensare: *"Se non funziona, cambio impostazioni"*. Ma spesso il problema è fisico. Non software.

Esempio concreto: la stampa non si attacca.

Approccio sbagliato:

- cambi temperatura
- cambi velocità

Approccio corretto:

- pulisci il piano
- controlli il setup
- verifichi altezzaProblema risolto.

Differenza reale tra chi riesce e chi si blocca Chi riesce:

- controlla il setup
- parte da una base solida
- modifica poco

Chi si blocca:

- ignora il setup
- cambia tutto
- non capisce niente

Punto chiave finale

Il setup vale più delle impostazioni. Puoi avere il miglior profilo del mondo. Ma se la base è sbagliata, non funzionerà mai bene.

Conclusione

Configurare bene la stampante non è difficile e nella stampa 3D partire bene è tutto. Serve solo:

- non avere fretta
- controllare le basi
- fare le cose semplici

Se fai questo:

- eviti la maggior parte degli errori
- parti nel modo giusto
- inizi a stampare davvero

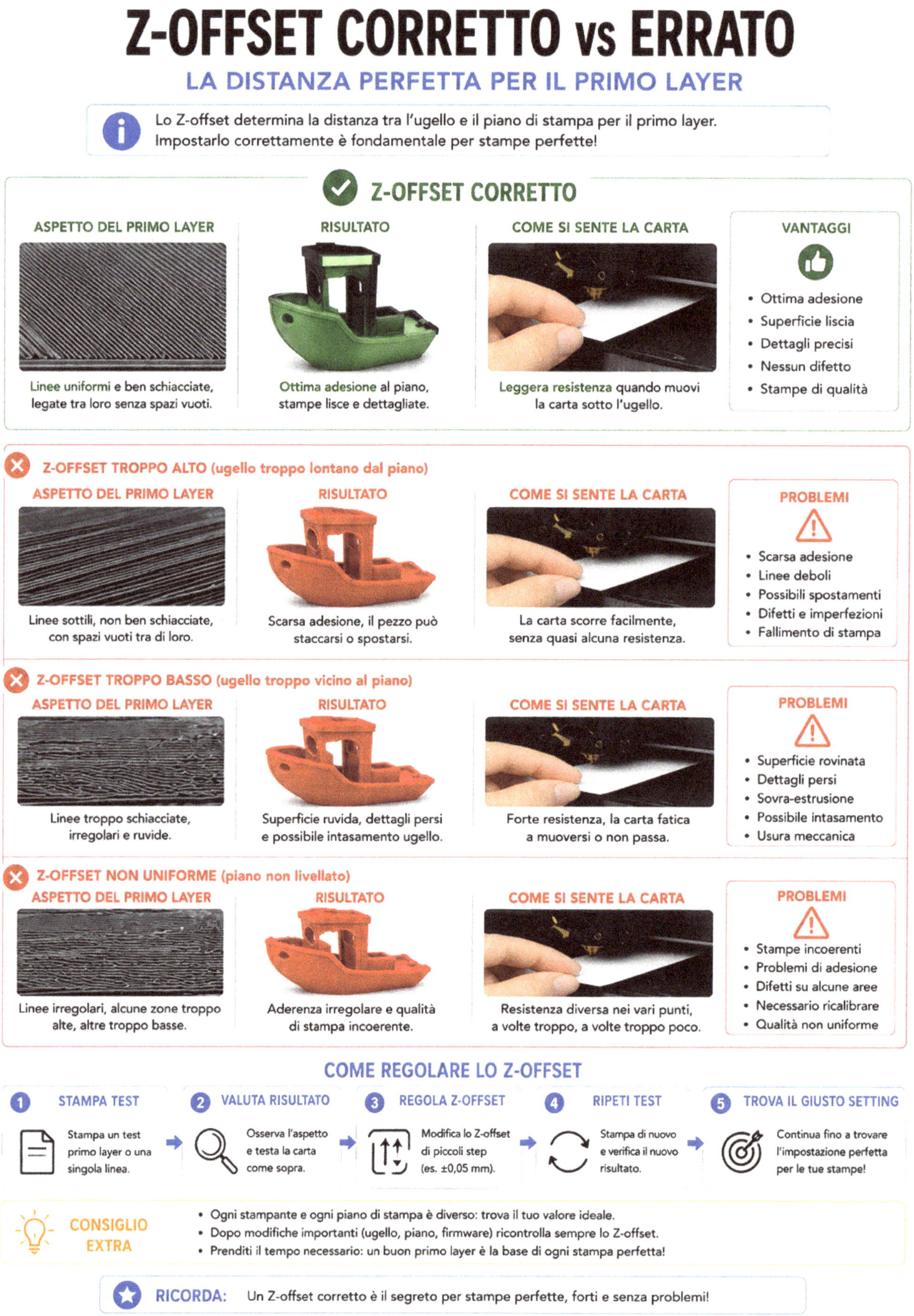

Fig. 13 — Esempio di stampa con z-offset corretto ed errato

3.3 La prima calibrazione che conta davvero

Qui si decide tutto.

Puoi aver montato bene la stampante, pulito il piano, scelto il filamento giusto… ma se sbagli questa fase, le stampe continueranno a fallire. Parliamo della prima calibrazione. Ed è il punto dove la maggior parte dei principianti si blocca. Perché?

Perché online trovi:

- metodi diversi
- consigli contrastanti
- video che complicano tutto

E quindi fai la cosa peggiore: provi un po' a caso…E torni al solito problema: non capisci cosa stai facendo.

Il problema reale

Non è che la calibrazione sia difficile. È che viene fatta senza capire lo scopo. Molti pensano: *"Basta livellare il piano"*. Non è vero.

Se vuoi ottenere stampe decenti, devi controllare due cose:

- distanza corretta tra nozzle e piano
- comportamento del primo layer

Se anche solo una delle due è sbagliata, la stampa fallisce.

Obiettivo reale della calibrazione

Non è *"fare una procedura tecnica."*

È questo: ottenere un primo layer pulito, uniforme e aderente. Perché il primo layer decide tutto.

Se è sbagliato:

- non si attacca
- si solleva
- si deforma
- si stacca a metà stampa

Se è corretto, hai già risolto metà dei problemi.

PRIMO LAYER PERFETTO

LA CHIAVE PER STAMPE DI QUALITÀ

Il primo layer è la base di ogni stampa di successo.
Se è perfetto, anche il resto della stampa lo sarà!

PRIMO LAYER PERFETTO

ASPETTO

Linee uniformi e ben schiacciate, perfettamente aderenti al piano.

SEZIONE TRASVERSALE

Le linee sono leggermente schiacciate e ben saldate tra loro.

SUPERFICIE

Superficie liscia e omogenea, senza spazi vuoti o rilievi eccessivi.

ADESIONE

Aderenza eccellente su tutta l'area di stampa, senza angoli sollevati.

RISULTATO

Base solida e uniforme, fondamentale per stampe precise e resistenti.

PROBLEMI COMUNI E SOLUZIONI

PROBLEMA	ASPETTO	CAUSA PROBABILE	SOLUZIONE
1. UGELLO TROPPO ALTO Il filamento non viene schiacciato a sufficienza.		• Z-offset troppo alto • Piano non livellato • Flusso di estrusione basso	• Abbassa lo Z-offset • Livella correttamente il piano • Aumenta leggermente il flusso
2. UGELLO TROPPO BASSO Il filamento è troppo schiacciato e fatica a uscire.		• Z-offset troppo basso • Flusso di estrusione alto • Temperatura troppo bassa	• Alza leggermente lo Z-offset • Riduci il flusso • Aumenta la temperatura
3. ESTRUSIONE IRREGOLARE Linee irregolari e incoerenti.	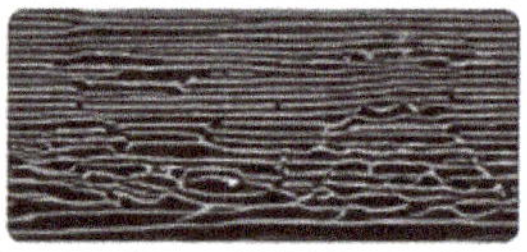	• Flusso instabile • Temperatura instabile • Movimenti troppo veloci	• Verifica il flusso di estrusione • Controlla la temperatura • Riduci la velocità del primo layer
4. SCARSA ADESIONE Il filamento non aderisce bene al piano di stampa.	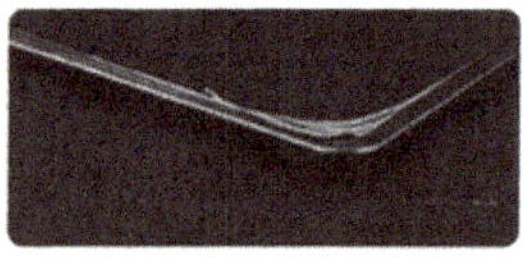	• Piano sporco o grasso • Temperatura piano troppo bassa • Distanza ugello/piano errata	• Pulisci il piano di stampa • Aumenta la temperatura del piano • Regola lo Z-offset

COME OTTENERE IL PRIMO LAYER PERFETTO

1. **PREPARA** – Pulisci il piano di stampa con alcool isopropilico.
2. **LIVELLA** – Livella il piano in tutti i punti.
3. **IMPOSTA Z-OFFSET** – Regola lo Z-offset mentre stampi il primo layer di prova.
4. **VALUTA** – Osserva l'aspetto del primo layer e verifica l'adesione.
5. **REGOLA E RIPETI** – Apporta piccole modifiche e ripeti fino al risultato perfetto.

CONSIGLI EXTRA

- Ogni stampante e ogni materiale richiedono impostazioni diverse: sperimenta!
- Salva il tuo Z-offset perfetto per ogni materiale che usi.
- Controlla regolarmente il primo layer: è la chiave per stampe senza problemi.
- Un primo layer perfetto significa stampe più forti, precise e senza sprechi di materiale.

RICORDA: Un primo layer perfetto è la base di ogni stampa straordinaria!

Fig. 14— Step by step per ottenere un primo layer perfetto

3.3.1 Bed leveling vs Z-offset (qual è la differenza)

Qui nasce la confusione. Molti usano questi due termini come se fossero la stessa cosa. Non lo sono. Capirli cambia completamente i risultati.

Bed leveling (livellamento del piano)

Significa rendere il piano parallelo al nozzle. Non vuol dire che il piano sia "dritto". Vuol dire che la distanza tra nozzle e piano è uguale in ogni punto.

Cosa succede se è sbagliato

- da un lato si attacca
- dall'altro no
- linee diverse tra loro

E pensi: *"problema di adesione"* ma in realtà il piano non è livellato.

Metodo semplice per livellare

- porta il nozzle vicino al piano
- usa un foglio di carta
- regola finché senti una leggera resistenza

Ripeti per:

- angoli
- centro**Errore tipico**

Farlo una sola volta e basta. In realtà va rifatto finché tutto è uniforme.

Z-offset (altezza reale del nozzle)

Questo è ancora più importante. Il leveling rende il piano uniforme. Lo **Z-offset** decide quanto il nozzle è vicino al piano.

Cosa succede se è sbagliato: Troppo alto

- il filamento non si schiaccia
- non aderisce
- linee sottili e separate

La stampa non si attacca.

Troppo basso

- il nozzle schiaccia troppo
- linee deformate

- superficie irregolare

La stampa viene rovinata.

Esempio semplice, immagina questo:

- il leveling è mettere il tavolo in piano
- lo Z-offset è quanto il pennarello tocca il tavolo

Se sei troppo alto, non scrivi. Se sei troppo basso, schiacci tutto.

Errore comune

Molti fanno solo il leveling e ignorano lo Z-offset. Risultato: stampe che falliscono comunque. Il **punto chiave** è che servono entrambi. Sempre.

3.3.2 Il test del primo layer che previene l'80% dei fallimenti

Ora arriviamo alla parte più importante: il test del primo layer. Questo è il momento in cui capisci se tutto è corretto.

Errore tipico

Stampare subito un oggetto grande. Errore enorme.

Se il primo layer è sbagliato:

- perdi tempo
- sprechi materiale

Metodo corretto

Usa un test semplice:

- un quadrato
- una griglia
- un test di primo layer

Tempo: pochi minuti.

Cosa devi osservare

Guarda attentamente il primo layer. **Segnali corretti**

- linee leggermente schiacciate
- linee unite tra loro
- superficie uniforme

Perfetto.

Nozzle troppo alto

- linee sottili
- distanziate
- non attaccano

Devi abbassare.

Nozzle troppo basso

- linee troppo larghe
- deformate
- materiale "spinto"

Devi alzare. **Piano non uniforme**

- una zona perfetta
- una zona che non attacca

Il leveling va rifatto.

PRIMO LAYER SCHIACCIATO MALE

I PROBLEMI DI UN PRIMO LAYER TROPPO SCHIACCIATO

Un primo layer troppo schiacciato può causare difetti gravi e compromettere l'intera stampa. Ecco cosa succede e come risolvere!

COSA SUCCEDE QUANDO IL PRIMO LAYER È TROPPO SCHIACCIATO

LINEE TROPPO SOTTILI

Le linee vengono schiacciate eccessivamente, perdendo spessore e definizione.

PERDITA DI ADESIONE

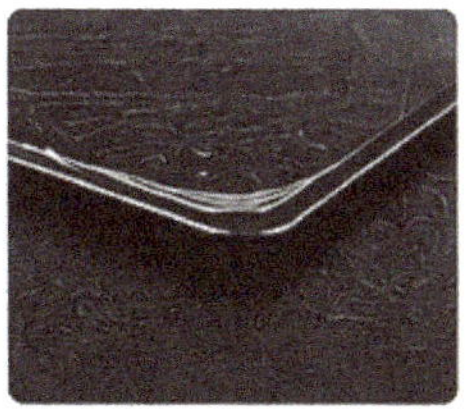

Il filamento non ha abbastanza spessore per aderire bene al piano e può staccarsi.

SUPERFICIE ROZZA

La plastica viene trascinata anziché depositata correttamente, creando una superficie irregolare.

UGELLO CHE STRISCIA

L'ugello striscia sul filamento schiacciato, ostacolando la stampa e causando difetti.

ESTRUSIONE INSUFFICIENTE

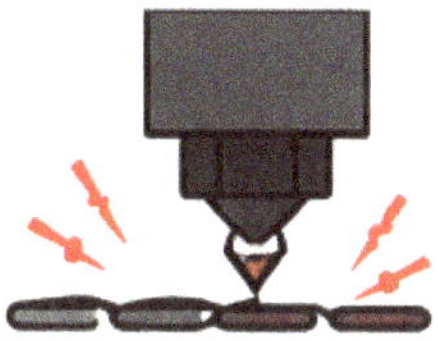

Il filamento non ha abbastanza volume per riempire la linea correttamente.

PROBLEMI COMUNI, CAUSE E SOLUZIONI

PROBLEMA	ASPETTO	CAUSA PROBABILE	SOLUZIONE
1. LINEE TROPPO SOTTILI Le linee sono sottili, quasi trasparenti in alcuni punti.		• Z-offset troppo basso • Flusso di estrusione troppo alto • Velocità di stampa troppo bassa	• Aumenta lo Z-offset • Riduci il flusso di estrusione • Aumenta la velocità di stampa
2. SCARSA ADESIONE Il primo layer non aderisce bene e si solleva facilmente.	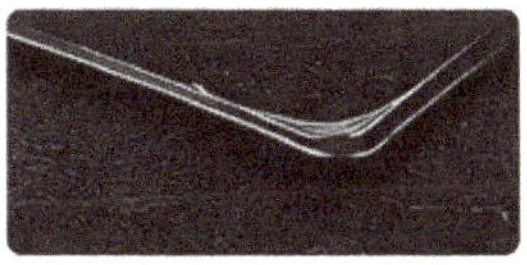	• Z-offset troppo basso • Piano di stampa non pulito • Temperatura piano troppo bassa	• Aumenta lo Z-offset • Pulisci bene il piano di stampa • Aumenta la temperatura del piano
3. SUPERFICIE IRREGOLARE La superficie del primo layer è ruvida e striata.		• Z-offset troppo basso • Ugello che striscia sul filamento • Flusso di estrusione troppo alto	• Aumenta lo Z-offset • Riduci il flusso di estrusione • Controlla l'usura dell'ugello
4. UGELLO CHE STRISCIA L'ugello fa rumore e striscia sul primo layer.		• Z-offset troppo basso • Piano non livellato correttamente • Distanza ugello/piano errata	• Aumenta lo Z-offset • Livella correttamente il piano • Regola la distanza ugello/piano
5. ESTRUSIONE INSUFFICIENTE Il filamento non riesce a riempire la linea correttamente.	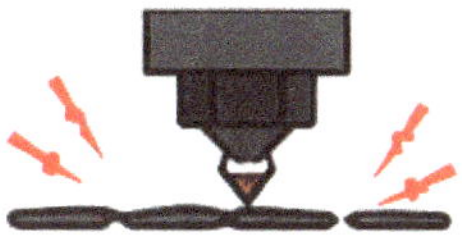	• Z-offset troppo basso • Flusso di estrusione non corretto • Diametro ugello non adatto	• Aumenta lo Z-offset • Calibra il flusso di estrusione • Usa un ugello con diametro corretto

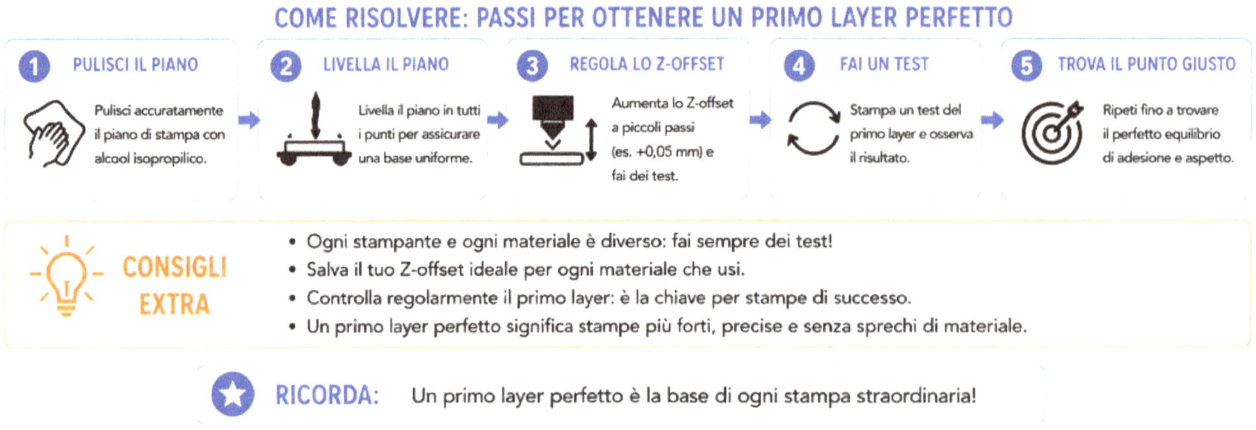

Fig. 15— esempio di primo layer troppo schiacciato

Correzione in tempo reale

Qui c'è il trucco che cambia tutto: non aspettare la fine della stampa. Correggi subito.**Esempio:**

- vedi che non si attacca → abbassa leggermente lo Z-offset
- vedi che è troppo schiacciato → alza leggermente

Metodo pratico

- avvia il test
- osserva
- modifica leggermente
- continua

Errore comune

Non devi fare cambi troppo grandi ma devi fare micro regolazioni.

Esempio reale. Stampi senza test:

- fallisce dopo 40 minuti

Stampi con test:

- risolvi in 5 minuti**Differenza reale**Chi fa test:
- capisce subito
- corregge velocemente
- ottiene risultati

Chi non li fa:

- va a tentativi
- perde tempo
- si frustra**Punto chiave finale**

Se devi ricordare una cosa, è questa: **il primo layer è tutto.**

Non la velocità, la qualità o il modello ma bensì il primo layer.

ConclusioneLa prima calibrazione non è complicata. Serve solo:

- capire cosa guardare
- fare piccoli aggiustamenti
- testare nel modo giusto

Se fai questo:

- eviti l'80% dei problemi
- riduci errori
- inizi a stampare davveroE da quel momento la stampa 3D smette di essere frustrante e inizia a funzionare davvero.

PRIMO LAYER TROPPO ALTO

I PROBLEMI DI UN PRIMO LAYER NON ABBASSATO ABBASTANZA

Un primo layer troppo alto può causare scarsa adesione, stampe deboli e finiture superficiali di scarsa qualità. Ecco cosa succede e come risolvere!

COSA SUCCEDE QUANDO IL PRIMO LAYER È TROPPO ALTO

SCARSA ADESIONE	LINEE TONDE E SPAZIATE	FINITURA RUVIDA	ESTRUSIONE DEBOLE	BASSA QUALITÀ DI STAMPA
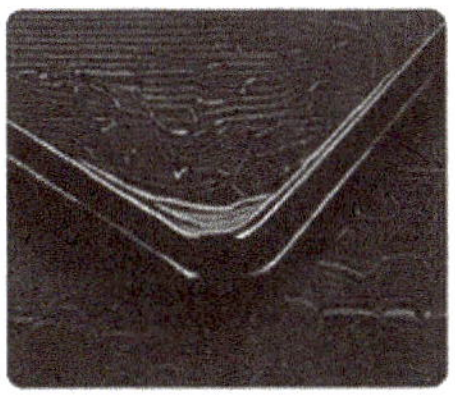	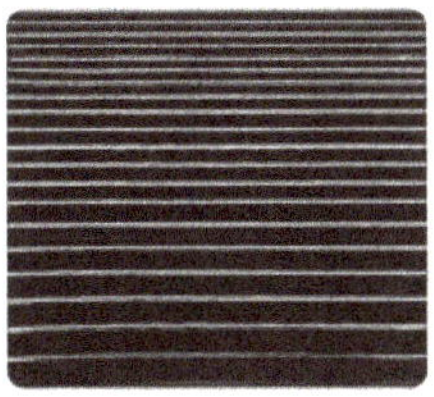	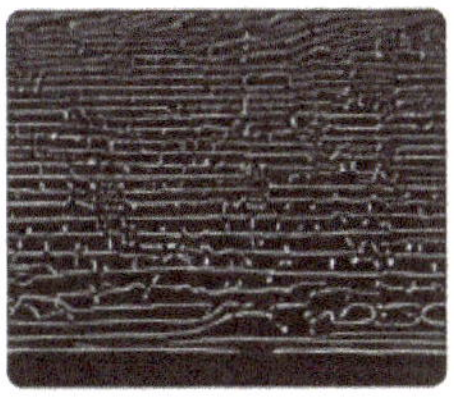		
Il filamento non aderisce bene al piano di stampa e si stacca facilmente.	Le linee appaiono tonde e non si schiacciano, lasciando spazi tra loro.	La superficie risulta ruvida e irregolare, con evidenti segni tra le linee.	Il filamento non viene spinto contro il piano, risultando in strati deboli.	La stampa finale mostra difetti, scarsa resistenza e finitura scadente.

PROBLEMI COMUNI, CAUSE E SOLUZIONI

PROBLEMA	ASPETTO	CAUSA PROBABILE	SOLUZIONE
1. SCARSA ADESIONE Il filamento non aderisce bene al piano di stampa e si stacca facilmente.	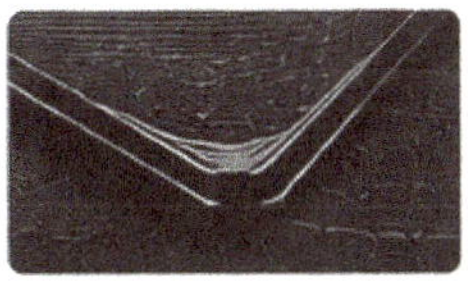	• Z-offset troppo alto • Piano di stampa sporco o grasso • Temperatura piano troppo bassa	• Abbassa lo Z-offset • Pulisci il piano di stampa • Aumenta la temperatura del piano
2. LINEE TONDE E SPAZIATE Le linee non si schiacciano e ci sono spazi tra loro.		• Z-offset troppo alto • Flusso di estrusione troppo basso • Velocità di stampa troppo alta	• Abbassa lo Z-offset • Aumenta il flusso di estrusione • Riduci la velocità di stampa
3. FINITURA RUVIDA La superficie della prima layer è ruvida e irregolare.		• Z-offset troppo alto • Flusso di estrusione troppo basso • Ugello usurato o sporco	• Abbassa lo Z-offset • Aumenta il flusso di estrusione • Pulisci o sostituisci l'ugello
4. ESTRUSIONE DEBOLE Il filamento non viene spinto contro il piano di stampa.		• Z-offset troppo alto • Tensione estrusore troppo bassa • Diametro filamento non corretto	• Abbassa lo Z-offset • Aumenta la tensione estrusore • Verifica il diametro del filamento
5. BASSA QUALITÀ DI STAMPA La stampa finale presenta difetti e scarsa resistenza.		• Z-offset troppo alto • Parametri di stampa non ottimizzati • Raffreddamento insufficiente	• Abbassa lo Z-offset • Ottimizza i parametri di stampa • Migliora il raffreddamento

Fig. 16—Esempio di primo layer troppo alto

CAPITOLO 4

COME OTTENERE LA TUA PRIMA STAMPA RIUSCITA SENZA ERRORI

4.1 Il flusso corretto per stampare senza andare a caso

Qui succede una cosa molto semplice: la maggior parte delle persone non ha un metodo.

Fa così: scarica un file, lo apre nello slicer e preme "stampa". Poi spera che funzioni. Quando non funziona:

- cambia impostazioni
- prova altro
- guarda videoE ricomincia da capo. Il problema non è la stampante. È il modo in cui stai lavorando.

Stai improvvisando. Stampare senza un flusso è come guidare senza sapere la strada. Arrivi da qualche parte… ma non sai come. E nella stampa 3D questo significa:

- errori casuali
- risultati incoerenti
- frustrazione

È esattamente quello che succede alla maggior parte dei principianti: provano tante cose, ma senza una sequenza chiara. Non è complicarti la vita. È questo: eliminare gli errori evitabili. Se segui sempre gli stessi passaggi:

- dimentichi meno cose
- controlli meglio
- capisci cosa succede e inizi a ottenere risultati.

Il flusso corretto (semplice e replicabile)

Ogni stampa deve seguire questo ordine:

- preparazione file
- preparazione stampante
- avvio stampa
- controllo primo layer

Sempre. Se salti uno di questi, aumenti il rischio di errore.

Errore tipico

Fare le cose in ordine casuale. Esempio: prima stampi, poi controlli, poi sistemi. Troppo tardi. Una regola pratica è: prima prepari, poi stampi. Sembra ovvio, ma molti non lo fanno.

4.1.1 Preparare il file nello slicer

Qui molti fanno il primo errore: aprono il file e stampano senza controllare. Errore. Lo slicer non è solo un passaggio automatico. È dove decidi come verrà stampato il modello.

Cosa devi controllare sempre:

1. **Dimensione del modello.**

Sembra banale, ma succede spesso.

- è troppo grande?
- esce dal piano?Risultato: stampa fallita prima ancora di iniziare.

2. **Posizione sul piano.**

Come è orientato il modello? Questo cambia:

- stabilità
- qualità
- bisogno di supporti

Esempio concreto

Un oggetto piatto:

- appoggiato bene → stampa facile
- inclinato → più problemi

Stessa stampa, risultato diverso.

Supporti.

Se ci sono parti sospese, servono supporti. Se non li metti:

- la stampa cade
- collassa
- viene male

Impostazioni base

All'inizio NON devi fare tuning avanzato. Errore tipico: cambiare tutto subito. Temperatura, velocità, flow...Caos totale.

Cosa fare invece

Usa:

- profilo base
- temperatura consigliata
- impostazioni standardMeno variabili = meno errori.

Errore comune.

Pensare: *"Se modifico tutto, miglioro subito"*. No. Peggiori.

Mini checklist slicer.

Prima di esportare:

- dimensione corretta
- orientamento corretto
- supporti se servono
- impostazioni base

Se salti questo, rischi di buttare tempo e materiale.

INTERFACCIA SLICER (PANORAMICA)

CONOSCI LA TUA INTERFACCIA, CONTROLLA LE TUE STAMPE

Lo slicer trasforma il tuo modello 3D in istruzioni per la stampante.
Conoscere l'interfaccia ti permette di impostare i parametri giusti e ottenere stampe perfette!

PANORAMICA DELLE PRINCIPALI AREE DELL'INTERFACCIA

1 BARRA SUPERIORE

Accesso rapido a file, impostazioni, annulla/ripeti, importazione ed esportazione del G-code.

2 STRUMENTI DI VISTA

Manipola la vista 3D: ruota, sposta, zoom, misura e seleziona il modello.

3 AREA DI LAVORO 3D

Visualizza il modello, il piano di stampa e il volume di stampa. Qui puoi posizionare e orientare i tuoi oggetti.

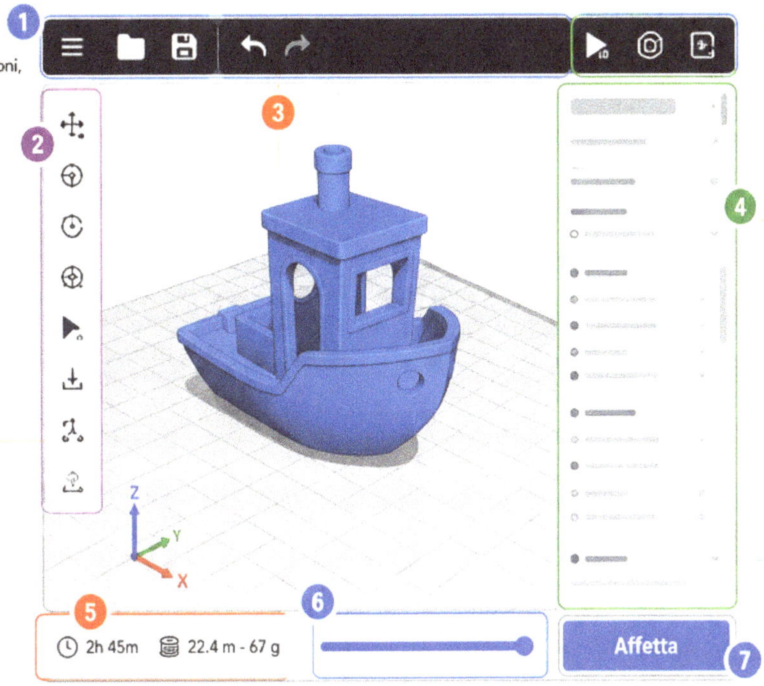

4 PANNELLO IMPOSTAZIONI

Contiene tutti i parametri di stampa organizzati in categorie (qualità, pareti, riempimento, velocità, ecc.).

5 BARRA DI STATO

Mostra il tempo di stampa stimato, il consumo di filamento e altre informazioni sulla stampa.

6 ANTEPRIMA DI STAMPA

Visualizza gli strati e i percorsi del materiale. Muovi lo slider per esplorare ogni layer.

7 PULSANTE AZIONI

Avvia il processo di affettatura e genera il file per la stampante.

LE CATEGORIE DI IMPOSTAZIONI PIÙ IMPORTANTI

QUALITÀ

- Altezza layer
- Larghezza linea
- Primo layer
- Risoluzione dettagli

PARETI

- Spessore pareti
- Numero di linee
- Top/Bottom
- Ordine di stampa

RIEMPIMENTO

- Densità riempimento
- Motivo di riempimento
- Pattern
- Percentuale (%)

VELOCITÀ

- Velocità di stampa
- Velocità pareti
- Velocità riempimento
- Accelerazioni

TEMPERATURE

- Temperatura ugello
- Temperatura piano
- Raffreddamento
- Flusso di estrusione

MATERIALE

- Tipo di filamento
- Diametro filamento
- Flusso (%)
- Ritiro (Retraction)

Fig. 17—Esempio di interfaccia slicer

4.1.2 Preparare la stampante e il materiale

Questa è la parte che molti ignorano. Pensano: *"La stampante è pronta"*. Quasi mai è vero. Un errore tipico è caricare il file e stampare subito senza controllare:

- piano
- filamento
- stato macchinaErrore. Segui sempre questa sequenza:

STEP 1 — Pulizia del piano

Usa IPA e rimuovi grasso e residui. Migliora l'adesione immediatamente. Molti problemi nascono da qui.

STEP 2 — Controllo filamento

Verifica che:

- scorra bene
- non sia incastrato
- non sia aggrovigliato

Problemi qui = estrusione irregolare.

STEP 3 — Controllo nozzle

Deve essere:

- pulito
- non ostruito

Se è sporco, la stampa sarà difettosa.

STEP 4 — Controllo rapido del piano

Anche veloce: meglio controllare ora che fallire dopo.

STEP 5 — Preriscaldamento

Porta la stampante alla temperatura corretta. Questo:

- evita shock termici
- migliora il primo layer

Esempio reale.

Non pulisci il piano. Stampi. Non si attacca. E pensi: ***"Problema di temperatura"***. In realtà il piano è sporco. Preparare la stampante è metà del risultato. Molti pensano: ***"Il problema è nelle impostazioni"***. Spesso no. È nella preparazione.

Prima di ogni stampa:

- piano pulito
- filamento ok
- nozzle ok

- controllo rapido setup

Sempre.

Differenza reale

Chi segue questo flusso:

- fa meno errori
- perde meno tempo
- ottiene risultati migliori

Chi non lo segue:

- stampa a caso
- cambia tutto
- non capisce nulla

Punto chiave finale

Stampare bene non è questione di fortuna. È questione di metodo.

Se fai sempre le stesse cose, nello stesso ordine, ottieni risultati ripetibili.

Conclusione

Se vuoi ottenere la tua prima stampa riuscita, smetti di improvvisare e segui un flusso. Non ti servono più esperienza, più strumenti o più teoria ma ordine, controllo e semplicità. Se fai questo:

- eviti errori banali
- riduci la frustrazione
- inizi a vedere risultati

E soprattutto smetti di andare a caso e inizi finalmente a stampare davvero. È esattamente quello che ti serve: una stampa che finalmente funziona.

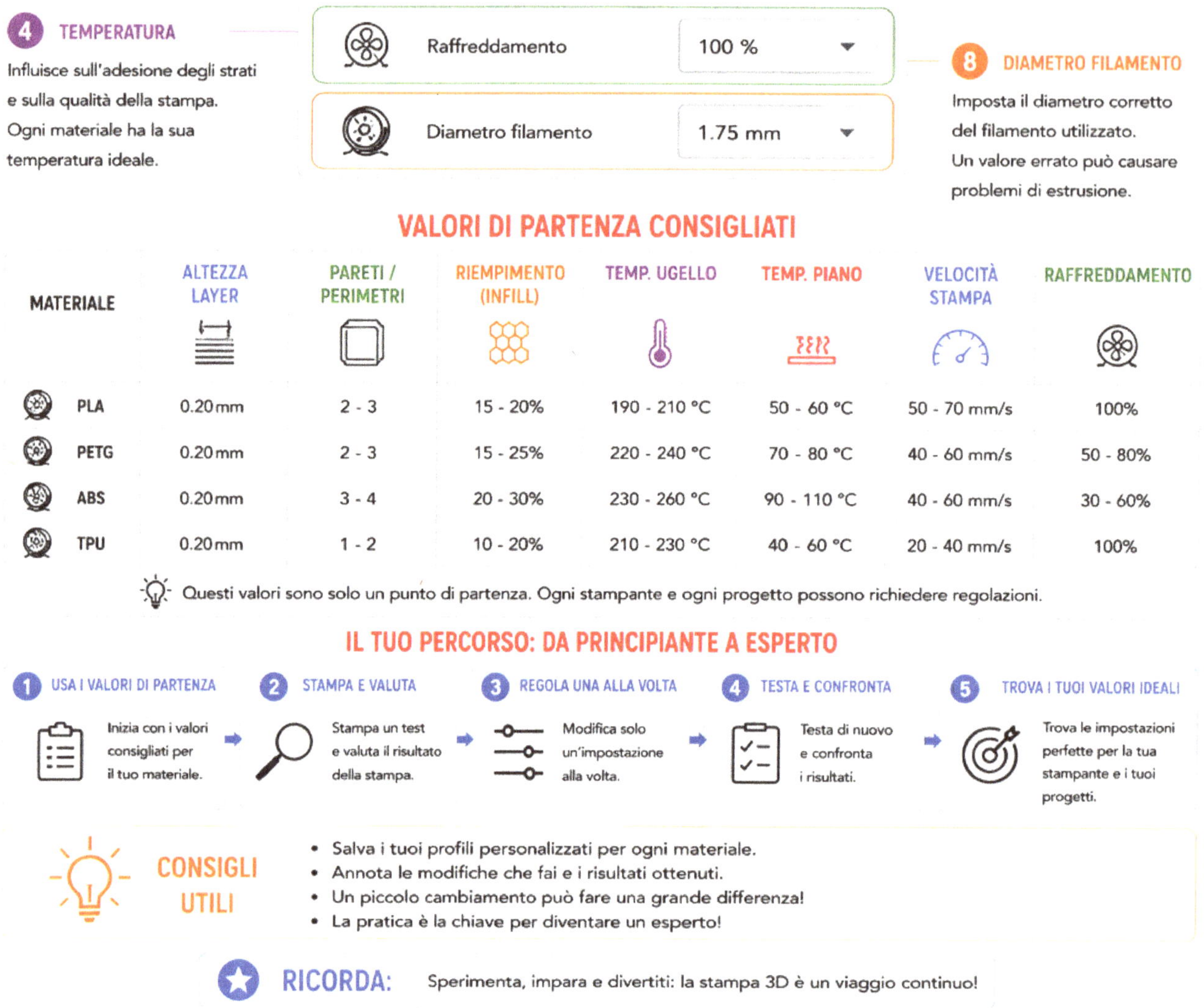

MATERIALE	ALTEZZA LAYER	PARETI / PERIMETRI	RIEMPIMENTO (INFILL)	TEMP. UGELLO	TEMP. PIANO	VELOCITÀ STAMPA	RAFFREDDAMENTO
PLA	0.20mm	2 - 3	15 - 20%	190 - 210 °C	50 - 60 °C	50 - 70 mm/s	100%
PETG	0.20mm	2 - 3	15 - 25%	220 - 240 °C	70 - 80 °C	40 - 60 mm/s	50 - 80%
ABS	0.20mm	3 - 4	20 - 30%	230 - 260 °C	90 - 110 °C	40 - 60 mm/s	30 - 60%
TPU	0.20mm	1 - 2	10 - 20%	210 - 230 °C	40 - 60 °C	20 - 40 mm/s	100%

Fig. 18—Esempio di impostazioni essenziali per stampe di qualità

4.2 Avviare la tua prima stampa senza andare a tentativi

Arriva il momento più atteso: premi "stampa". Ed è qui che molti fanno l'errore più grande: pensano che il lavoro sia finito. Non lo è. Anzi, è appena iniziato. Perché i primi minuti di stampa sono quelli che determinano tutto. Se li ignori, rischi di buttare ore di lavoro. Se li gestisci bene, aumenti drasticamente le probabilità di successo. Molti fanno così:

- avviano la stampa
- guardano qualche secondo
- si allontanano

E tornano dopo mezz'ora… o peggio, dopo ore. Risultato:

- stampa staccata
- "spaghetti" di plastica
- oggetto rovinato

E arriva la classica frase: "*Sembrava partita bene…*". Non basta che "parta bene". Deve partire bene e rimanere stabile nei primi minuti. Ed è proprio lì che devi stare attento. **Una regola fondamentale è non lasciare mai la stampante nei primi minuti.** È il momento più importante.

Cosa fare appena premi stampa

Non devi stare fermo a guardare a caso. Devi osservare cose precise.

OGGETTO NELLO SLICER (PREVIEW)

VISUALIZZA, ANALIZZA E OTTIMIZZA LA TUA STAMPA

La modalità Preview mostra come verrà stampato il tuo oggetto, strato dopo strato. Usala per controllare, individuare problemi e ottenere stampe perfette!

COSA RAPPRESENTA LA PREVIEW

1 MODELLO 3D
Il tuo oggetto posizionato sul piano di stampa. Puoi ruotarlo, spostarlo e ridimensionarlo.

2 ANTEPRIMA A STRATI
Mostra ogni strato che verrà stampato. Muovi lo slider per navigare tra gli strati.

3 TIPI DI LINEE
Ogni colore rappresenta un tipo di linea con una funzione specifica nella stampa.

4 STATISTICHE DI STAMPA
Mostra informazioni utili come tempo, materiale e peso stimato.

5 SLIDER STRATI
Trascina per scorrere tra gli strati e analizzare dettagli e problemi potenziali.

6 VISUALIZZAZIONE
Scegli cosa visualizzare: tipi di linea, velocità, filamento, ecc.

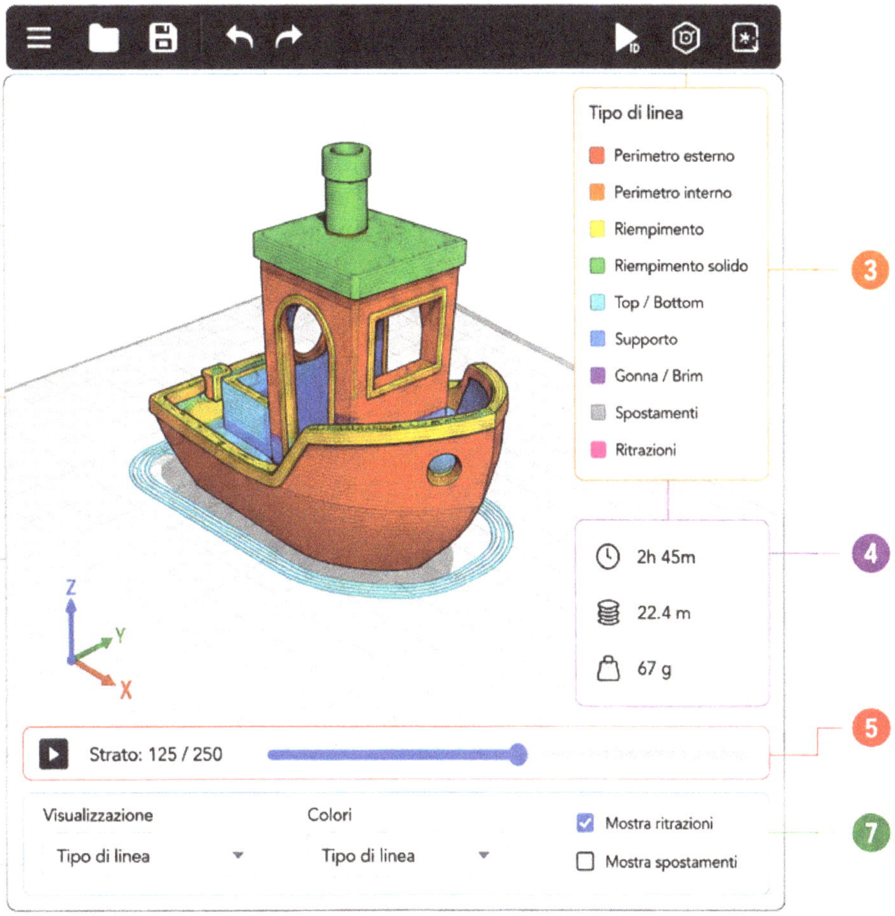

Fig. 19—Esempio di oggetto nello slicer (preview)

Fase 1 — Il primo layer (sempre)

Appena la stampante inizia a depositare il filamento, guarda attentamente.

Cosa deve succedere

- il filamento si attacca subito
- le linee sono unite
- la superficie è uniforme

Questo è il segnale giusto.

Problemi immediati

Caso 1 — Non si attacca

Il filamento:

- si muove
- si trascina
- si stacca

Problema di adesione.

Soluzione rapida

- abbassa leggermente lo Z-offset
- controlla il piano

Non aspettare.

Caso 2 — Fa fili strani

Il nozzle si muove ma lascia "spaghetti".

Problema di altezza o temperatura.

Caso 3 — Si accumula materiale

Il filamento si schiaccia troppo.

Nozzle troppo basso.

Intervento immediato

Non lasciare andare la stampa sperando che migliori. Se vedi un problema:

- ferma subito
- correggi
- riparti

Esempio reale

Stampi un oggetto grande. Il primo layer è leggermente sbagliato. Pensi: *"Magari va lo stesso"*. Dopo 20 minuti si stacca tutto. Tempo perso.

Regola d'oro: Se il primo layer non è perfetto, ferma tutto.

Fase 2 — I primi 5 minuti

Dopo il primo layer continua a osservare. **Cosa controllare:**

- il filamento esce in modo costante
- non ci sono interruzioni
- i movimenti sono fluidi

Segnali di un problema

- suoni strani
- vibrazioni
- scattiProblema meccanico o di estrusione.

Errore comune

Ignorare piccoli segnali pensando: *"Non è niente"*. Spesso è l'inizio del problema.

Fase 3 — Stabilità iniziale

Dopo 5–10 minuti la stampa deve essere stabile. Se è stabile qui, hai alte probabilità che vada a buon fine. Esempio la stampa parte bene, ma:

- vibr
- fa rumori
- il filamento è irregolare

Non è stabile. E più avanti fallirà. Puoi allontanarti solo quando:

- il primo layer è perfetto
- non ci sono problemi visibili
- la stampa è stabile

Solo allora puoi lasciarla lavorare. Molti pensano: *"Se parte, è fatta"*. No. Se parte bene nei primi minuti, allora sì. Mini procedura (da seguire sempre) ogni volta che stampi:

STEP 1 — Avvia stampa

Non fare altro.

STEP 2 — Guarda il primo layer

- attacca?
- è uniforme?

STEP 3 — Correggi subito se serv

- Z-offset
- piano

STEP 4 — Osserva i primi minuti

- movimenti
- estrusione

STEP 5 — Solo dopo puoi lasciare

Perché questo cambia tutto? Perché elimina il fattore: *"Speriamo che vada"* e lo sostituisce con il controllo. **La differenza reale tra:**

Chi non controlla:

- torna e trova disastri
- spreca materiale
- perde tempo

Chi controlla:

- corregge subito
- salva la stampa
- migliora velocemente

Un errore tipico dei principianti è fidarsi troppo presto.

Esempio concreto, stampi una miniatura. Non controlli. Dopo un'ora: solo fili ovunque

Se avessi guardato 2 minuti, avresti fermato tutto

subito.

Punto chiave finale

La stampa 3D non è: "premi e vai via", ma è: avvia, osserva, controlla.

Fig. 20—Esempio di stampante in fase di stampa

Conclusione

Se vuoi ottenere la tua prima stampa riuscita:

- resta nei primi minuti
- osserva
- intervieni subito

Non servono esperienza avanzata e strumenti extra ma serve attenzione all'inizio. Perché la verità è questa: la stampa si decide nei primi minuti. Se li gestisci bene, hai già fatto il lavoro più importante. E da lì tutto diventa molto più semplice.

4.3 Verificare il risultato e bloccare le impostazioni corrette

Hai fatto partire la stampa. Hai controllato il primo layer. Hai lasciato lavorare la macchina. Ora arrivi alla fine. Togli il pezzo dal piano, lo guardi e ti fai la domanda più importante: *"È venuta bene oppure no?"*. Qui molti fanno un errore enorme: non sanno cosa guardare. E quindi succede questo:

- vedono piccoli difetti e cambiano tutto
- vedono errori e li ignorano
- pensano che sia "normale"

E non imparano niente. Se non sai valutare una stampa, non sai cosa migliorare e si torna al solito loop: cambiare impostazioni a caso.

Obiettivo di questa fase

Non è dire: *"Ok, è uscita"* ma è capire se hai una buona base su cui lavorare. Perché non devi ottenere la perfezione subito. Devi ottenere qualcosa di stabile e ripetibile.

Un errore tipico è volere immediatamente:

- superfici perfette
- dettagli perfetti
- zero difetti

Troppo presto. Questo porta a:

- modifiche inutili
- peggiorament
- confusione

Regola chiave: Prima stabilità, poi perfezione.

OGGETTO COMPLETATO

RIFINISCI, CONTROLLA E VALORIZZA LE TUE STAMPE

Hai completato la stampa, ma il lavoro non finisce qui!
Le giuste finiture e controlli fanno la differenza tra un oggetto buono e uno eccellente.

COSA FARE DOPO LA STAMPA

1 RIMOZIONE DAL PIANO DI STAMPA

Rimuovi con attenzione l'oggetto dal piatto di stampa. Usa strumenti appropriati per evitare danni.

2 RIMOZIONE DEI SUPPORTI

Se presenti, rimuovi i supporti con pinze o tronchesi. Procedi con delicatezza per non rovinare i dettagli.

3 RIFINITURA

Carteggia, lima o leviga le superfici per migliorare l'aspetto e la qualità dell'oggetto.

4 CONTROLLO QUALITÀ

Verifica la presenza di difetti, la precisione dimensionale e la solidità dell'oggetto.

5 VALORIZZAZIONE

Applica eventuali finiture come verniciatura, assemblaggio o trattamenti estetici.

COSA CONTROLLARE

ASPETTO

Osserva le superfici: devono essere uniformi, senza segni evidenti di difetti.

DIMENSIONI

Controlla che le misure corrispondano al modello progettato.

RESISTENZA

Verifica che l'oggetto sia solido e che non si rompa facilmente.

FUNZIONALITÀ

Assicurati che tutte le parti mobili (se presenti) funzionino correttamente.

DOCUMENTAZIONE

Scatta foto e annota i parametri di stampa per i tuoi archivi e migliorare le prossime stampe.

Fig. 21—Esempio di oggetto completato e di cosa fare dopo la stampa

4.3.1 Come deve essere davvero una "prima stampa riuscita"

Qui serve chiarezza, perché molti hanno aspettative sbagliate.

Una buona prima stampa non **deve essere perfetta.** Può avere piccoli segni, linee visibili o leggere imperfezioni: è normale. Quello che conta è che sia corretta nelle parti fondamentali. Una buona prima stampa deve avere **buona adesione,** quindi non deve essersi staccata, la base deve essere stabile e non devono esserci sollevamenti. Deve avere anche una **struttura solida**, con layer ben uniti e senza rotture facili. La forma deve essere corretta, con proporzioni giuste e senza deformazioni evidenti. Infine, la superficie deve essere accettabile: niente difetti gravi, niente "spaghetti" e niente buchi evidenti.

Esempio reale: stampi un cubo. Se il risultato è un po' ruvido e con qualche linea visibile, è normale. Se invece si rompe, è storto o ha buchi, allora c'è un problema reale.

L'errore comune è confondere le **imperfezioni normali** con i **problemi veri.** La differenza è semplice: un'imperfezione è estetica, un problema è funzionale. Mini check veloce: alla fine della stampa chiediti: • si è staccata? • è solida? • ha la forma giusta?

Se la risposta è sì, sei a posto.

Punto importante: la tua prima stampa non deve essere "bella". Deve essere **corretta.**

RIMOZIONE DELL'OGGETTO DAL PIATTO

RIMUOVI CON ATTENZIONE E PROTEGGI IL TUO PIANO DI STAMPA

La rimozione corretta dell'oggetto protegge sia la stampa che il piano di stampa.
Usa le giuste tecniche per evitare danni e garantire stampe future di qualità.

1 ATTENDI IL RAFFREDDAMENTO

Lascia raffreddare la stampa e il piano. La rimozione a caldo può deformare l'oggetto o danneggiare la superficie.

2 FLETTI IL PIANO CON CAUTELA

Fletti delicatamente il piano (se flessibile) per staccare l'oggetto. Non forzare per evitare rotture.

3 USA STRUMENTI APPROPRIATI

Se necessario, utilizza una spatola con bordo smussato progettata per la stampa 3D. Evita strumenti appuntiti che possono graffiare il piano.

4 EVITA FORZA ECCESSIVA

Non tirare né forzare l'oggetto. Potresti romperlo o rovinare la superficie di stampa.

5 CONTROLLA L'OGGETTO

Dopo la rimozione, verifica che l'oggetto non presenti danni alla base o parti deboli.

COME RIMUOVERE L'OGGETTO IN SICUREZZA

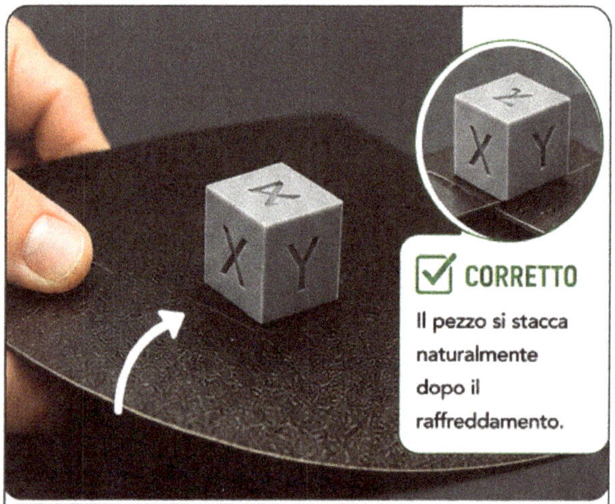

CORRETTO

Il pezzo si stacca naturalmente dopo il raffreddamento.

USA LA SPATOLA CON CAUTELA

Inserisci la spatola con bordo smussato sotto la base e solleva leggermente.

ERRATO

✗ Non usare utensili appuntiti, cacciaviti o tronchesi per fare leva.

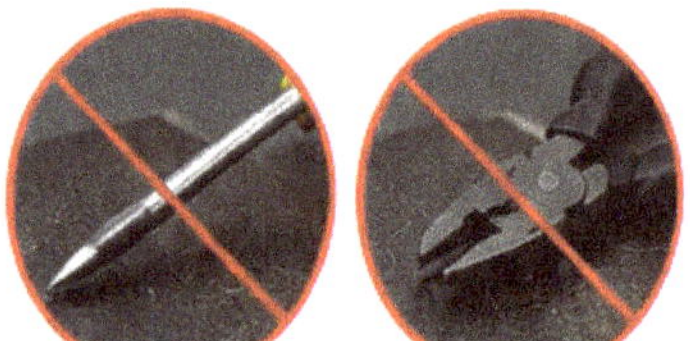

COSA CONTROLLARE

SUPERFICIE DEL PIANO

Controlla che non ci siano graffi, segni o residui di materiale.

RESIDUI DI MATERIALE

Rimuovi eventuali residui per mantenere il piano pulito e uniforme.

BASE DELL'OGGETTO

Verifica che la base sia distaccata correttamente e non presenti difetti.

DIMENSIONI

Controlla che le misure finali corrispondano al modello progettato.

DOCUMENTAZIONE

Scatta foto dell'oggetto rimosso e annota eventuali note per migliorare le prossime stampe.

BUONE PRATICHE

- Lascia sempre raffreddare prima di rimuovere.
- Usa strumenti adatti e in buone condizioni.
- Tratta il piano e l'oggetto con cura.
- Mantieni il piano pulito per stampe perfette.
- Annota sempre le impostazioni di stampa.

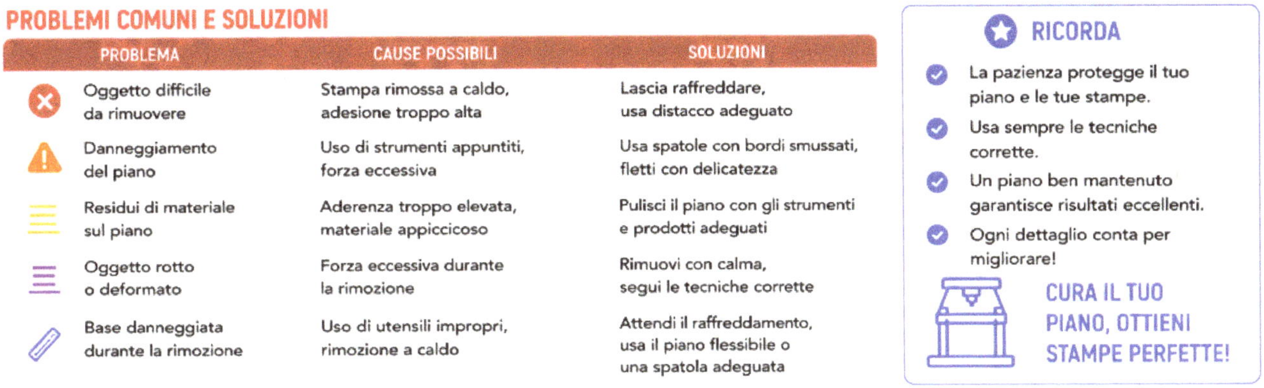
PROBLEMI COMUNI E SOLUZIONI

PROBLEMA	CAUSE POSSIBILI	SOLUZIONI
Oggetto difficile da rimuovere	Stampa rimossa a caldo, adesione troppo alta	Lascia raffreddare, usa distacco adeguato
Danneggiamento del piano	Uso di strumenti appuntiti, forza eccessiva	Usa spatole con bordi smussati, fletti con delicatezza
Residui di materiale sul piano	Aderenza troppo elevata, materiale appiccicoso	Pulisci il piano con gli strumenti e prodotti adeguati
Oggetto rotto o deformato	Forza eccessiva durante la rimozione	Rimuovi con calma, segui le tecniche corrette
Base danneggiata durante la rimozione	Uso di utensili impropri, rimozione a caldo	Attendi il raffreddamento, usa il piano flessibile o una spatola adeguata

Fig. 22—Esempio di rimozione dell'oggetto dal piatto a fine stampa

4.3.2 Quando intervenire e quando lasciare tutto com'è

Qui succede il disastro. Molti vedono un piccolo difetto, cambiano cinque impostazioni e peggiorano tutto.

Il problema è **modificare troppo presto**. Se cambi subito, perdi la base, perdi il controllo e torni al caos. Regola fondamentale: **se funziona, non toccarlo.**

Non cambiare nulla se la stampa è stabile, il primo layer è buono e non ci sono difetti gravi. Anche se non è perfetta, non è liscia o ha piccoli segni, lasciala così. Esempio reale: stampa buona, ma un po' ruvida. Il principiante cambia temperatura, velocità e flow. Risultato: stampa peggiore. Devi intervenire solo se ci sono **problemi evidenti**, come stampa che non si attacca, si stacca a metà, layer separati o oggetto deformato. Devi modificare anche quando lo stesso difetto compare sempre. Per modificare nel modo corretto, segui questo schema:

STEP 1 — **Identifica il problema:** non dire "fa schifo", ma sii preciso: stringing, scarsa adesione, layer brutti.

STEP 2 — **Cambia una cosa:** sempre una.

STEP 3 — **Testa:** stampa piccola.

STEP 4 — **Valuta:** migliora o peggiora?

L'errore comune è cambiare temperatura, velocità e retraction insieme. Così perdi completamente il controllo. Esempio pratico: problema di fili (stringing). Approccio corretto: abbassi temperatura, fai un test e osservi. Fine.

L'approccio giusto è: piccoli cambiamenti, test frequenti e osservazione. Metodo semplice da ricordare: se la stampa è stabile, non toccare; se ha problemi, modifica una cosa.

Punto chiave finale: la differenza tra chi migliora e chi si blocca è **la disciplina.** Chi cambia poco capisce, migliora e avanza. Chi cambia tutto si confonde, peggiora e si blocca. Dopo la prima stampa non devi cercare la perfezione. Devi verificare, capire e stabilizzare. Se fai questo, costruisci una base solida, riduci errori futuri, migliori velocemente ed esci dal loop dei tentativi casuali. Da lì inizi finalmente a **controllare davvero le tue stampe.**

CAPITOLO 5

PERCHÉ NIENTE SI ATTACCA AL PIANO (E COME RISOLVERE SUBITO)

5.1 Perché le stampe non si attaccano (anche quando sembra che tu abbia fatto tutto giusto)

Questo è il problema che manda in crisi quasi tutti all'inizio: *"Non si attacca al piano."*

Succede anche quando sei convinto di aver fatto tutto bene: hai livellato il piano, impostato le temperature e seguito tutorial passo passo. Eppure il filamento scivola, si stacca o viene trascinato dal nozzle. A quel punto pensi: *"Non capisco... ho fatto tutto giusto."*

Ed è proprio qui il problema.

Il problema reale.

Nella stampa 3D raramente esiste una sola causa. Quando qualcosa non aderisce, quasi sempre ci sono più fattori insieme: piano leggermente sporco, Z-offset leggermente alto, temperatura un po' bassa o ambiente instabile. Separati sembrano dettagli insignificanti. Insieme fanno fallire la stampa. L'errore tipico è cercare una soluzione unica: ***"Aumento la temperatura e risolvo."*** Se non funziona, inizi a cambiare altre cose a caso e torni nel solito ciclo di tentativi, errori e frustrazione.

L'obiettivo corretto non è trovare la "soluzione magica", ma capire cosa controllare e in quale ordine. E tutto parte dal **primo layer**. Se è sbagliato, la stampa fallirà sempre.

Mentalità corretta: non chiederti *"Cosa devo cambiare?"* ma *"Cosa non sto controllando?"*

5.1.1 Contaminazione della superficie ed errori di pulizia

Partiamo dalla causa più comune e più ignorata: il piano sporco. Il filamento aderisce bene solo se la superficie è pulita. Basta un leggero strato di grasso per ridurre drasticamente l'adesione. E il problema è che spesso non si vede. Il piano si sporca molto più facilmente di quanto pensi: basta toccarlo con le dita, lasciare residui di stampe precedenti o accumulare polvere invisibile.

Esempio reale: pulisci il piano, poi lo tocchi per controllarlo. Avvii la stampa e il filamento non aderisce. Pensi a un problema di temperatura, ma in realtà è il grasso lasciato dalle dita. La pulizia corretta non va fatta "ogni tanto". Va fatta sempre. La procedura è semplice: spruzza alcol isopropilico (IPA), usa carta o un panno pulito e passa uniformemente su tutta la superficie. Gli errori più comuni sono:

- pulire solo quando c'è un problema
- usare prodotti sbagliati

- pulire male o in modo non uniformeLa regola pratica è semplice: **ogni stampa richiede un piano pulito.**

Un segnale tipico di contaminazione è questo: alcune zone attaccano bene e altre no. In quel caso il problema è quasi sempre una superficie sporca in modo non uniforme.

Molti sottovalutano questo aspetto pensando: *"Ma il piano è nuovo."* Non importa. Si sporca subito. Prima di modificare qualsiasi impostazione, pulisci il piano. Sempre.

5.1.2 Temperatura e fattori ambientali

Se il piano è pulito e il problema continua, controlla temperatura e ambiente.

Se la temperatura del piano è troppo bassa, il filamento aderisce male. La soluzione è semplice: aumenta leggermente restando nei valori consigliati. Non servono cambi drastici. Anche la temperatura del nozzle è importante. Se è troppo bassa, il materiale non si lega bene alla superficie. In questo caso aumenta leggermente e osserva il comportamento della stampa. L'errore comune è esagerare. Più caldo non significa migliore. Se la temperatura è troppo alta, il materiale diventa troppo fluido e perdi precisione.

Regola pratica: modifica una sola cosa alla volta. Poi c'è il fattore più ignorato di tutti: l'ambiente. Correnti d'aria, finestre aperte o stanze fredde possono cambiare completamente il risultato. Il filamento si raffredda troppo velocemente, si contrae, si solleva e si stacca dal piano. Esempio reale: stampi vicino a una finestra. All'inizio sembra tutto perfetto, poi un lato inizia a sollevarsi. Il problema non è nello slicer. È l'aria fredda.

Le soluzioni sono semplici: evita correnti d'aria, usa un ambiente stabile e non posizionare la stampante vicino a finestre o porte aperte. Molti pensano subito: *"Il problema è nelle impostazioni."* Spesso invece il problema è attorno alla stampante, non dentro il software. Quando la stampa non aderisce, segui sempre questa sequenza:• pulisci il piano

- controlla lo Z-offset
- verifica le temperature
- controlla l'ambiente

Sempre in questo ordine. La differenza tra approccio casuale e metodo è tutta qui. Chi cambia tutto insieme perde tempo e non capisce nulla. Chi controlla in sequenza individua il problema e lo risolve molto più velocemente.

Punto chiave finale: Se la stampa non si attacca, non è sfortuna e quasi mai è colpa della stampante. Nella maggior parte dei casi c'è un errore semplice che non stai vedendo. Per risolvere davvero i problemi di adesione non servono prodotti miracolosi, upgrade costosi o modifiche complicate. Serve controllo delle basi: piano pulito, temperature corrette, ambiente stabile e metodo. Quando inizi a fare queste cose in modo sistematico, le stampe iniziano finalmente ad aderire davvero.

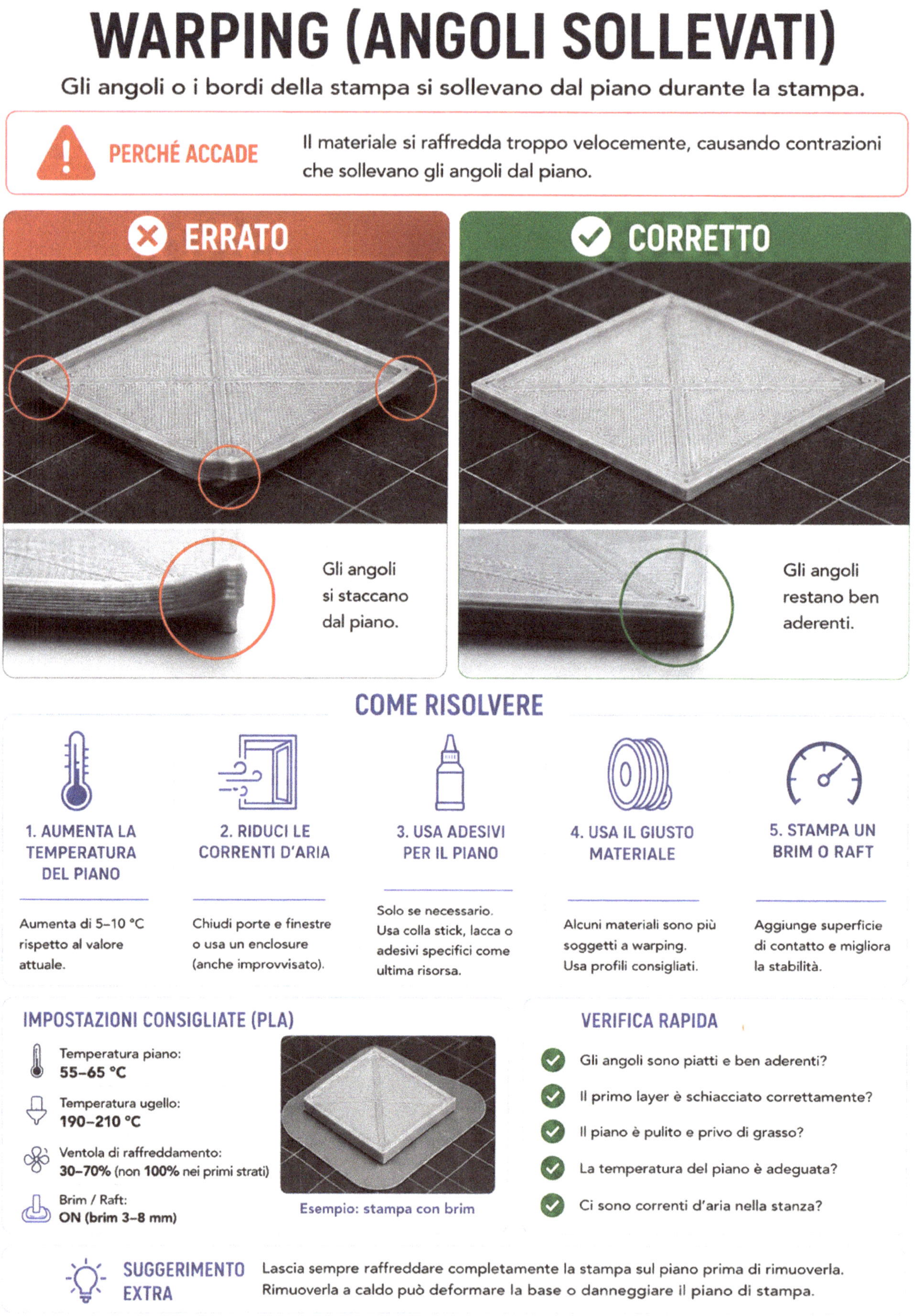

Fig. 23—Esempio di angoli sollevati dal piano (warping) durante la stampa

5.2 Come far attaccare le stampe al piano senza andare a tentativi

Quando una stampa non si attacca, la cosa peggiore che puoi fare è provare soluzioni a caso. Un giorno cambi temperatura, un altro cambi velocità, poi provi colla, spray o nastro. Risultato: caos totale. Il problema non è che mancano soluzioni. È che manca un metodo. Senza metodo non capisci cosa funziona, non sai cosa hai cambiato e non riesci a replicare il risultato.

Il problema reale:

Molti utenti lavorano così: *"Provo qualcosa e vedo se funziona."* Ma questo approccio ha un limite enorme: anche se funziona, non sai perché. Quindi non impari davvero.

Obiettivo di questo flusso:

Non è darti dieci soluzioni diverse, ma un ordine preciso da seguire. In questo modo identifichi il problema, lo risolvi ed eviti tentativi casuali.

La regola fondamentale è semplice: **cambia una cosa alla volta.** Se cambi più variabili insieme, perdi il controllo. Quando una stampa non si attacca, parti dal primo layer. Avvia una stampa test e guarda cosa succede nei primi secondi: il filamento si attacca subito? Si trascina? È uniforme? Se non si attacca, passa allo step 2. Se si attacca ma male, passa allo step 3.

STEP 1 — Controllo immediato del primo layer

Avvia una stampa test e osserva subito l'adesione.

STEP 2 — Correggere altezza nozzle (Z-offset)

Questo è il primo vero intervento, perché nella maggior parte dei casi il nozzle è troppo alto.

BRIM APPLICATO

PIÙ ADESIONE PER LE TUE STAMPE

Il brim è un bordo sottile che viene stampato attorno alla base dell'oggetto. Aumenta la superficie di contatto con il piano di stampa e riduce il rischio di sollevamento degli angoli (warping).

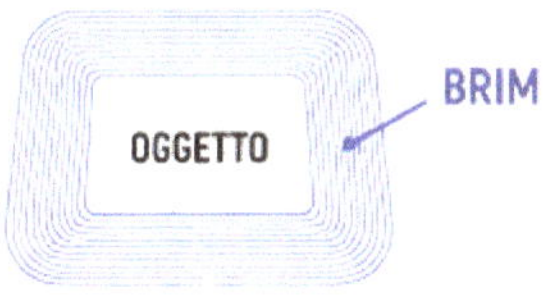

SENZA BRIM

RISCHIO WARPING

Gli angoli si sollevano durante la stampa e possono staccarsi dal piano.

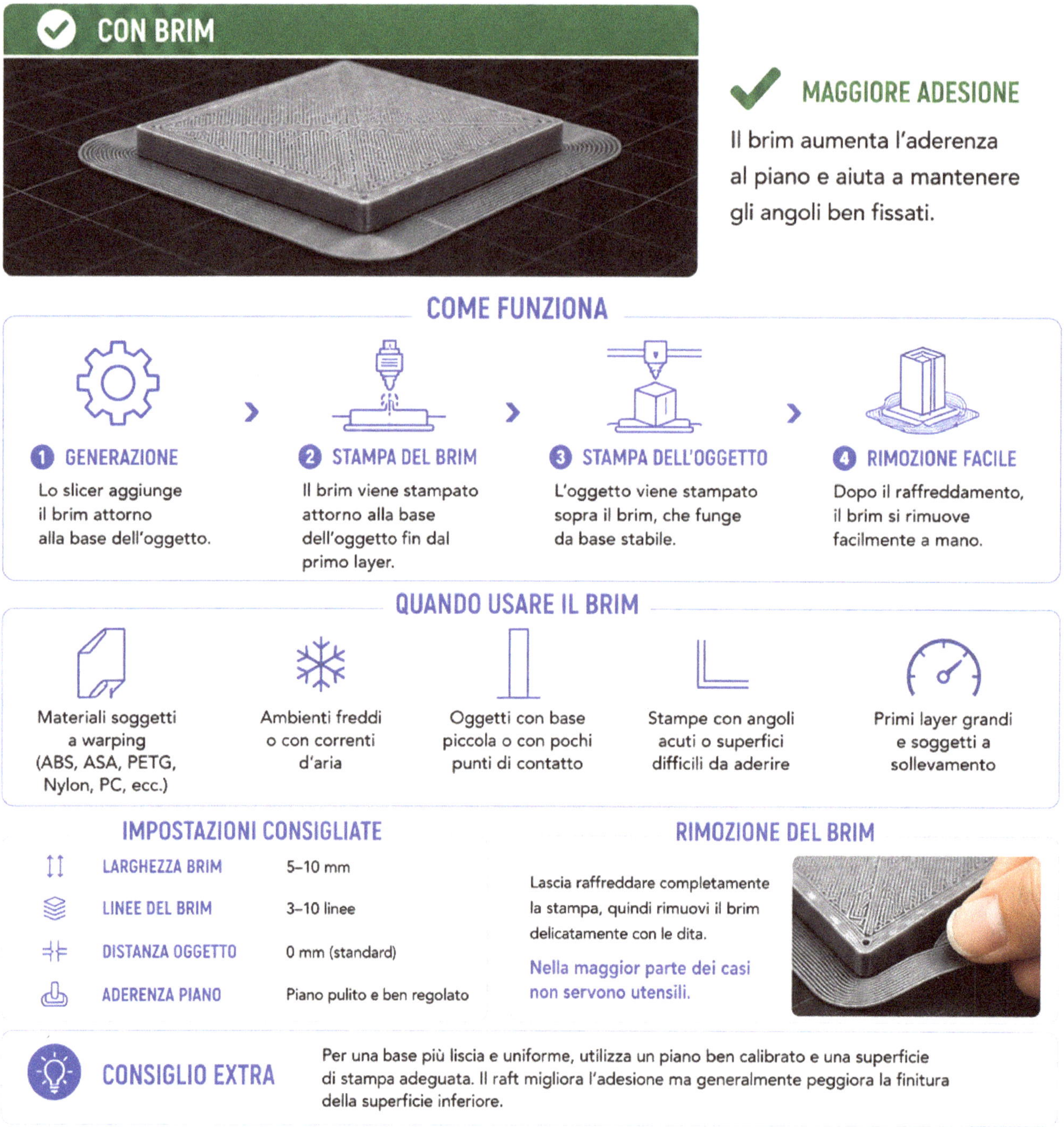

Fig. 24—Esempio di brim applicato per la stampa

5.2.1 Regolare Z-offset e primo layer

Caso 1 — **Nozzle troppo alto**

Segnali: il filamento non si schiaccia, le linee sono sottili e non aderisce. Soluzione: abbassa leggermente lo **Z-offset**. Fai micro regolazioni, senza cambi grandi.

Caso 2 — **Nozzle troppo basso**

Segnali: il filamento è troppo schiacciato, fa fatica a uscire e la superficie è irregolare. Soluzione: alza leggermente lo **Z-offset**.

L'errore comune è fare regolazioni troppo grandi. Devi lavorare con piccoli step: osserva, correggi, continua.

Metodo corretto: Avvia una stampa test, osserva il primo layer, modifica leggermente e continua. Esempio reale: la stampa non si attacca. Approccio sbagliato: cambi tutto. Approccio corretto: abbassi di poco lo Z-offset e riprovi.

Caso 3 — **Primo layer irregolare**

Segnali: alcune zone attaccano e altre no. Soluzione: rifai il **leveling del piano**.

Il 70–80% dei problemi di adesione è qui. Se sistemi questa fase, hai già fatto gran parte del lavoro.

STEP 3 — **Verifica temperatura**

Se lo Z-offset è corretto ma ancora non attacca, passa alla temperatura. Aumenta leggermente la temperatura del nozzle o del piano, sempre con piccoli incrementi e senza cambiare tutto.

STEP 4 — **Verifica ambiente**

Se ancora non funziona, guarda intorno: correnti d'aria, posizione della stampante e temperatura ambiente possono influire molto. La soluzione è semplice: sposta la stampante, chiudi finestre e stabilizza l'ambiente.

STEP 5 — **Verifica materiale**

Ultimo controllo: filamento di bassa qualità, umidità o materiale difficile possono creare problemi. La soluzione più semplice è usare **PLA di buona qualità**. Passare subito a materiali difficili è un errore tipico.

5.2.2 Usare brim, raft e "trucchi" di superficie

Se hai fatto tutti i controlli precedenti e vuoi più sicurezza, puoi usare strumenti di supporto come **brim**, **raft** e aiuti di superficie. Il **brim** è un bordo attorno all'oggetto. Serve ad aumentare la superficie di contatto e migliorare l'adesione. È utile con oggetti piccoli, basi strette o problemi di adesione. Il **raft** è una base sotto la stampa. Crea una superficie stabile e compensa piccoli errori, ma va usato solo se serve davvero, perché aumenta tempo e consumo di materiale.

I "trucchi" di superficie, come colla stick, nastro o spray, vanno usati solo se necessario. L'errore comune è usarli subito: devono essere l'ultima risorsa.

Esempio reale: la stampa non si attacca, usi colla e funziona. Ma non hai risolto il problema, lo hai solo nascosto. L'approccio corretto è sistemare prima la base: **Z-offset, piano e primo layer.** Solo dopo puoi usare aiuti esterni.

Punto chiave finale: L'adesione non è fortuna. È **controllo del processo**.

Se vuoi risolvere davvero, segui un flusso, non andare a caso, cambia una cosa alla volta e parti sempre dal primo layer. Solo alla fine usa strumenti come brim o raft. Quando lavori così, smetti di tentare e inizi a capire. E quando capisci, le stampe iniziano ad attaccarsi davvero, in modo costante.

RAFT APPLICATO

MASSIMA ADESIONE PER STAMPE DIFFICILI

Il raft è una base di supporto stampata sotto l'oggetto.

Aumenta notevolmente l'adesione al piano e aiuta a compensare piccole irregolarità della superficie.

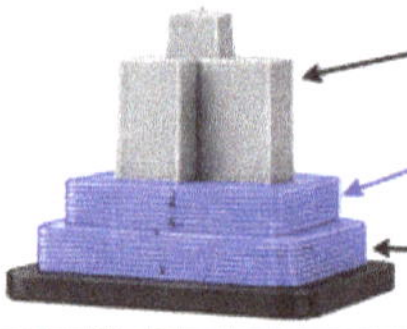

SENZA RAFT

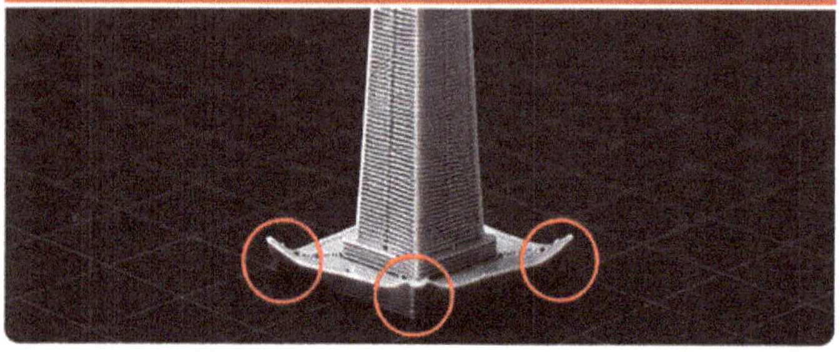

RISCHIO WARPING

Gli angoli si sollevano durante la stampa e possono staccarsi dal piano.

CON RAFT

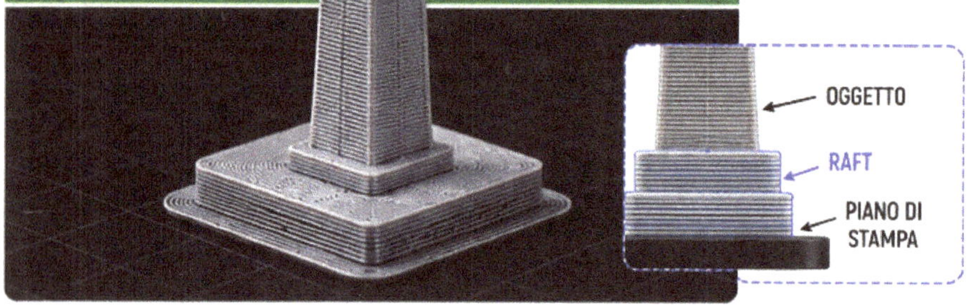

MASSIMA ADESIONE

Il raft crea una base ampia e stabile che aumenta l'adesione al piano e riduce il rischio di deformazioni. L'oggetto è separato dal raft, che funge da base sacrificabile.

COME FUNZIONA

1. **GENERAZIONE** — Lo slicer aggiunge il raft sotto la base dell'oggetto.
2. **STAMPA DEL RAFT** — Il raft viene stampato per primo, strato dopo strato, creando una base solida.
3. **STAMPA DELL'OGGETTO** — L'oggetto viene stampato sopra il raft, che funge da base di supporto.
4. **RIMOZIONE E RIFINITURA** — Dopo il raffreddamento, l'oggetto si stacca dal raft con relativa facilità.

QUANDO USARE IL RAFT

- Materiali difficili da stampare (ABS, Nylon, PC, ecc.)
- Ambienti freddi o con correnti d'aria
- Situazioni in cui una corretta adesione è difficile da ottenere anche dopo la calibrazione del piano
- Superfici di contatto molto piccole o oggetti alti e sottili
- Stampe lunghe o modelli soggetti a deformazioni

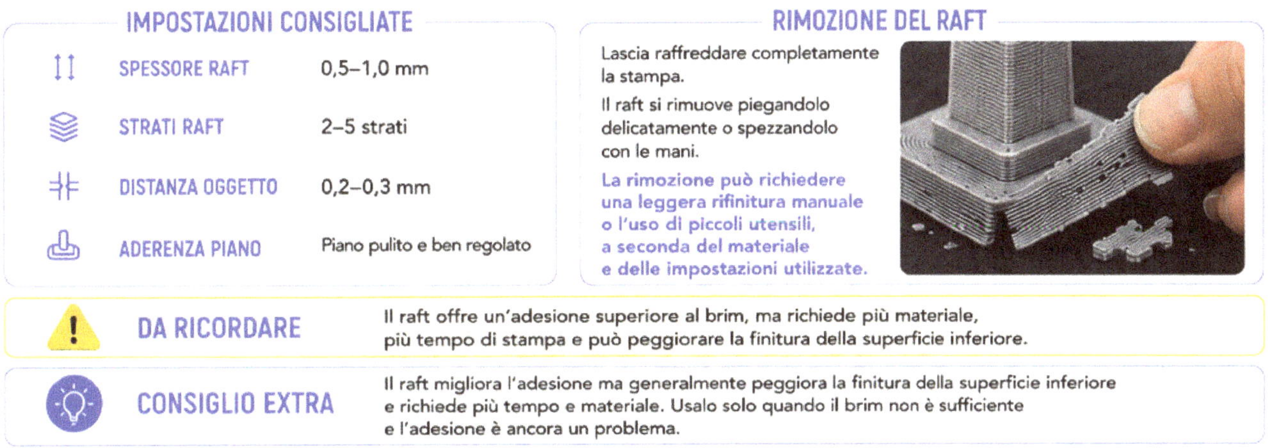

Fig. 25—Esempio di raft applicato per stampe difficili

5.3 Soluzioni avanzate quando niente sembra funzionare

Se sei arrivato fin qui, probabilmente hai già fatto tutto: hai pulito il piano, regolato lo **Z-offset,** sistemato la temperatura e controllato il primo layer. Eppure la stampa non si attacca ancora, oppure si attacca ma poi si stacca. Ed è qui che arriva la frustrazione vera: *"Ho provato tutto… e non funziona"*. La verità è che non hai provato tutto: hai solo sistemato le basi. Ora entriamo nel livello successivo.

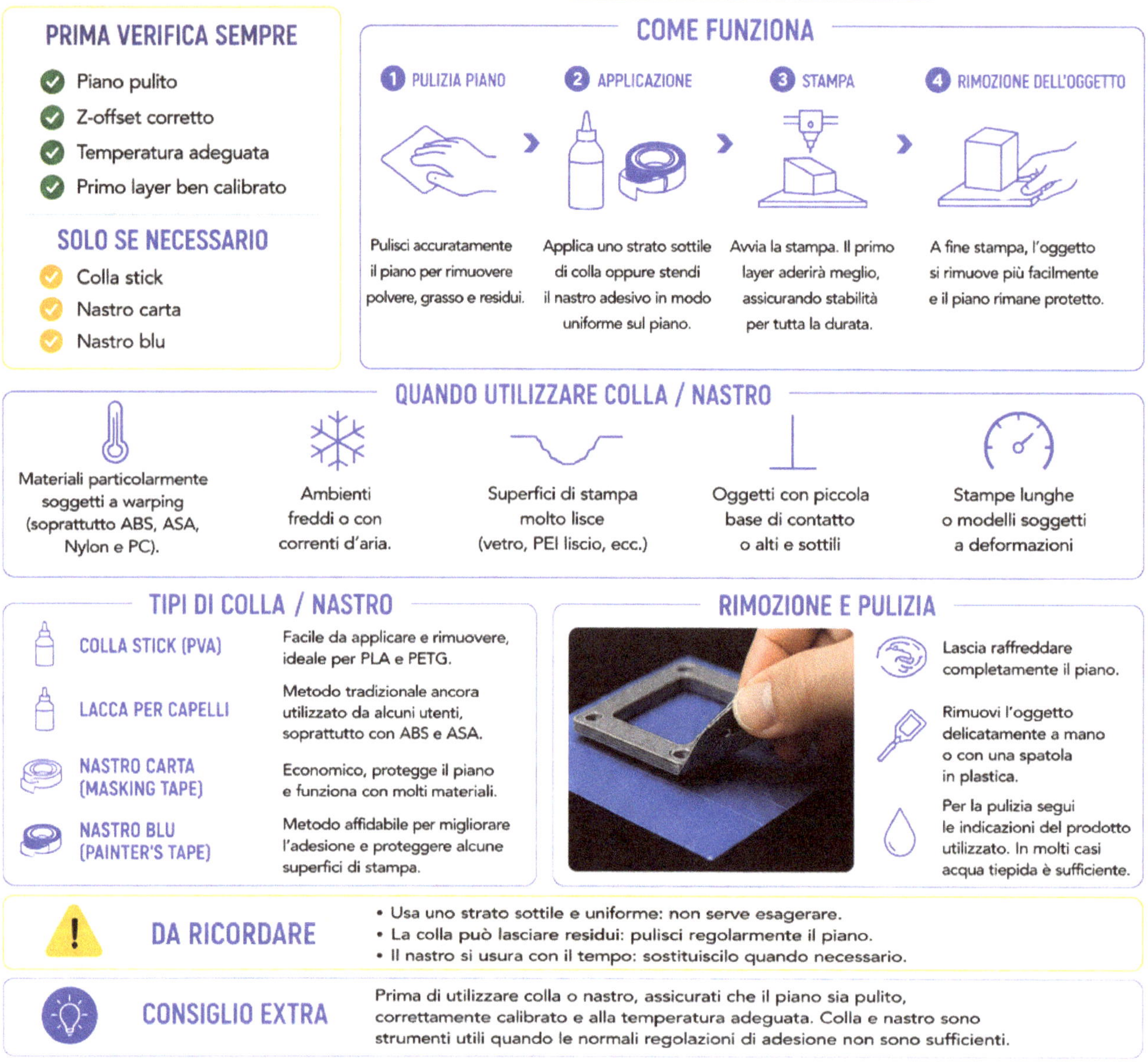

Fig. 26— Esempio di piano con colla o nastro sul piano di stampa.

Il problema reale:

Quando le soluzioni base non funzionano, il problema è quasi sempre legato a fattori esterni o nascosti. Non sono immediati da vedere, ma fanno tutta la differenza.

L'obiettivo di questa fase non è complicarti la vita, ma eliminare le **cause invisibili.** Queste soluzioni non servono sempre: servono quando le basi sono già corrette.

5.3.1 Correnti d'aria, enclosure e controllo dell'ambiente

Questa è una delle cause più sottovalutate: l'ambiente.

Molti pensano che bastino temperatura corretta e piano pulito, ma ignorano cosa succede attorno alla stampante. Il filamento, appena esce, è caldo. Se si raffredda troppo velocemente, si contrae, si solleva e si stacca. Esempio reale: stampi vicino a una finestra. All'inizio sembra tutto ok, poi un lato si solleva. Il motivo è semplice: aria fredda da un lato. I segnali tipici di un problema ambientale sono: stampa che si stacca solo da un lato, angoli che si sollevano, primo layer inizialmente corretto che poi peggiora.

Soluzioni semplici:

Sposta la stampante lontano da finestre, porte e correnti d'aria. Cerca un ambiente con temperatura costante ed evita sbalzi improvvisi, come accendere o spegnere aria durante la stampa. Se il problema continua, puoi creare un ambiente controllato con una enclosure, cioè una struttura che chiude la stampante. Serve a mantenere la temperatura stabile, proteggere da correnti e migliorare l'adesione. Non deve essere per forza costosa: può essere anche un box semplice o una struttura improvvisata.

Ambiente stabile significa meno deformazioni e migliore adesione. Se tutto sembra giusto ma non funziona, guarda l'ambiente.

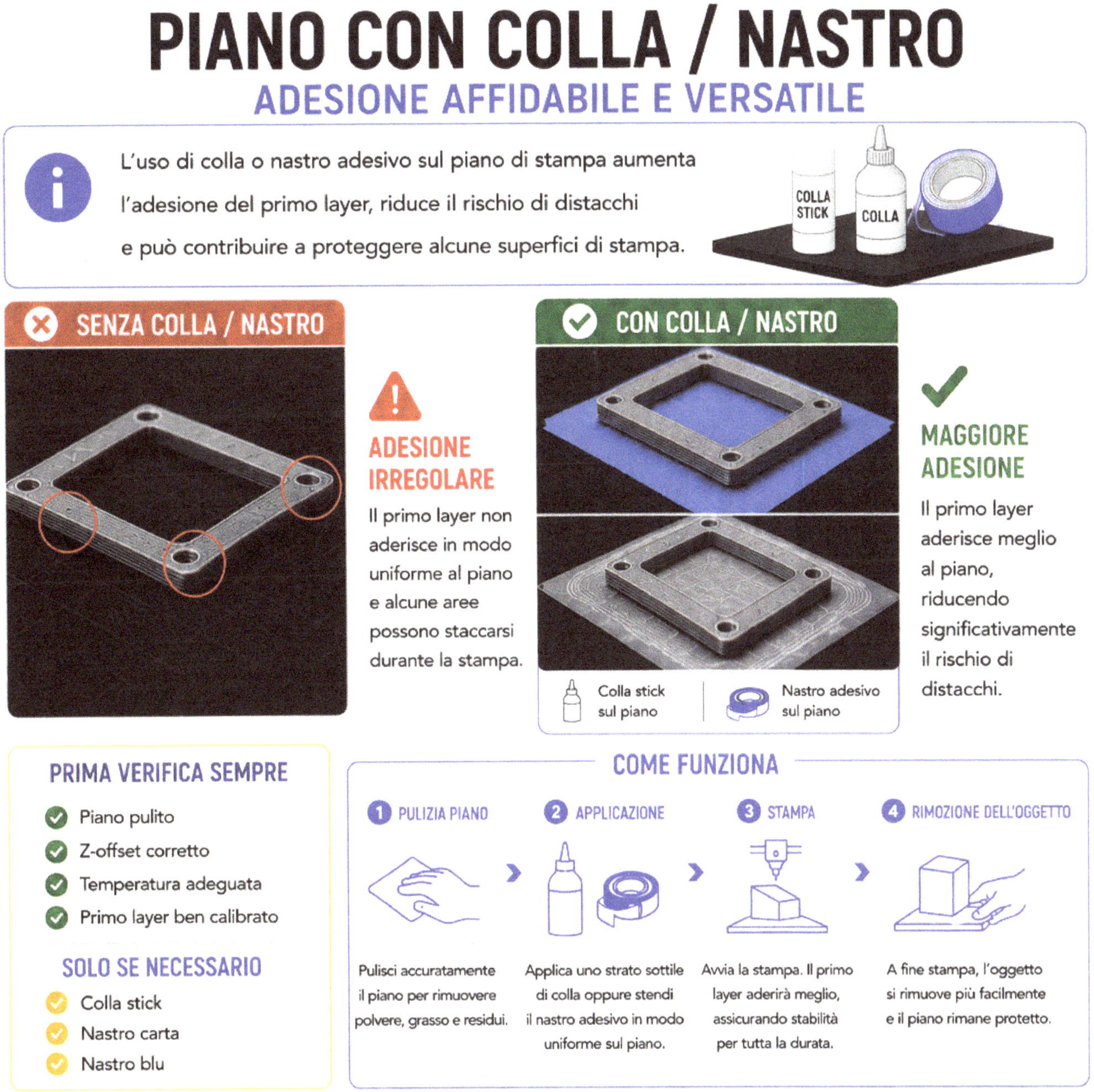

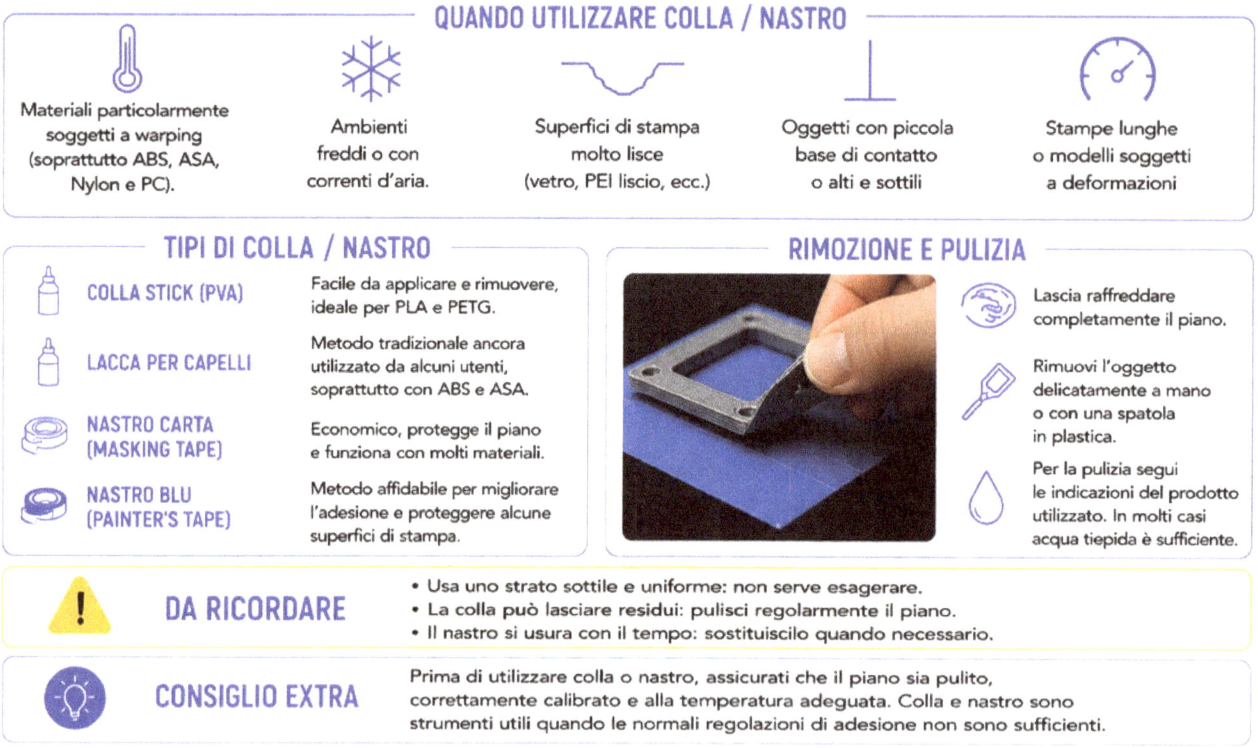

Fig. 27—Esempio di distacco della stampa dal piano.

5.3.2 Strategie di adesione specifiche per material

Se anche l'ambiente è corretto, resta un altro fattore: **il materiale**. Non tutti i filamenti si comportano allo stesso modo. L'errore comune è usare le stesse impostazioni per tutto. Non funziona.

PLA

Il PLA è il materiale più facile. Se non si attacca, il problema è quasi sempre nel setup: piano pulito, Z-offset o temperatura. Il PLA dovrebbe aderire facilmente; se non lo fa, qualcosa non è corretto.

PETG

Il PETG è più delicato. Il problema tipico è che può non attaccarsi oppure attaccarsi troppo. La soluzione è usare uno Z-offset leggermente più alto e un piano pulito, ma non trattato in modo troppo aggressivo. Attenzione: il PETG può incollarsi troppo al piano.

ABS

L'ABS è più difficile. Il problema tipico è il **warping**. Servono temperatura più alta, ambiente chiuso e assenza di correnti. Esempio: se stampi ABS senza enclosure, tende a sollevarsi sempre. Non è colpa tua: è il materiale.

Materiali flessibili:

I materiali flessibili possono dare problemi di estrusione e adesione. Servono velocità più bassa e setup stabile. Usarli all'inizio è un errore tipico: sono troppo complessi.

Regola pratica: se sei all'inizio, usa PLA. Se ancora non funziona, puoi valutare superfici diverse come vetro, PEI o superfici trattate. Puoi anche usare aiuti temporanei come colla stick o spray, ma solo dopo aver sistemato tutto il resto. Esempio reale: la stampa non si attacca, metti colla e funziona. Ma non hai risolto la causa, l'hai solo nascosta.

L'approccio corretto è questo: sistema la base, controlla l'ambiente, verifica il materiale e solo dopo usa aiuti esterni.

Punto chiave finale:

Quando niente funziona, il problema è quasi sempre nascosto. Per risolvere anche i casi difficili, controlla ambiente, stabilizza temperatura, usa il materiale giusto e applica strategie corrette. Non serve comprare subito accessori o cambiare tutto. Serve analizzare in modo logico. Quando inizi a fare questo, smetti di tentare a caso e anche i problemi più difficili diventano risolvibili. Da lì la stampa 3D smette di essere frustrante e diventa finalmente sotto controllo.

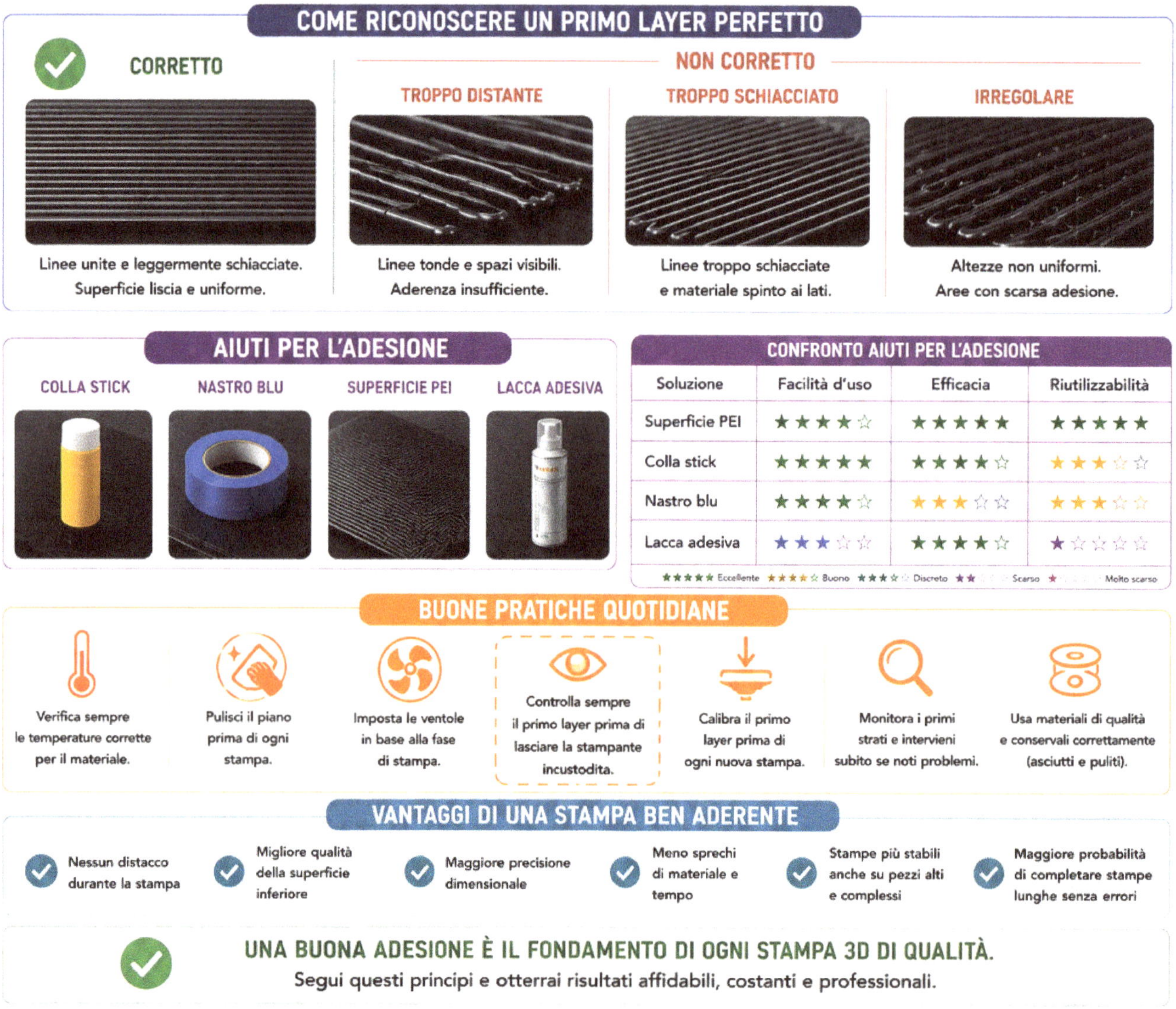

Fig. 28—Esempio di adesione perfetta al piano di stampa.

CAPITOLO 6

PERCHÉ LE TUE STAMPE VENGONO MALE (E COME RISOLVERE OGNI PROBLEMA)

6.1 Stringing, blob e difetti superficiali

Arrivi a questo punto e finalmente la stampante funziona: la stampa parte, non si stacca dal piano e arriva fino alla fine. Poi però guardi il risultato e qualcosa non torna: fili ovunque, piccole gocce di plastica e superfici poco pulite. La sensazione è sempre la stessa: *"Ok... funziona, ma la qualità non è ancora soddisfacente"*. Questo è uno dei passaggi più frustranti: non sei più all'inizio, ma non hai ancora stampe davvero pulite.

Il problema reale:

Il problema non è il difetto in sé, ma il fatto che non sai da cosa dipende. Quando non conosci la causa, inizi a cambiare temperatura, **retraction** e velocità spesso a caso. È quello che fanno moltissimi utenti: raccolgono consigli sparsi e li applicano senza capirne il motivo. Risultato: a volte migliora, a volte peggiora e spesso non cambia nulla.

L'obiettivo di questo sottocapitolo non è darti "il settaggio giusto", ma insegnarti a leggere il problema.

I difetti più comuni:

Lo stringing crea filamenti sottili tra le parti, con effetto ragnatela. I blob sono piccole gocce o accumuli di materiale sulla superficie. Le superfici sporche, invece, mostrano linee irregolari e finitura poco uniforme. Questi difetti non sono casuali: hanno sempre una causa precisa. L'errore tipico è pensare: "Devo solo sistemare la retraction". In realtà è solo una parte del problema.

STRINGING EVIDENTE

Lo stringing è causato da filamento che fuoriesce dall'ugello durante i movimenti a vuoto, creando filamenti sottili tra le parti della stampa.

PROBLEMA

- Fili sottili e ragnatele tra le parti
- Superfici sporche e poco definite
- Peggiora l'aspetto e richiede pulizia manuale

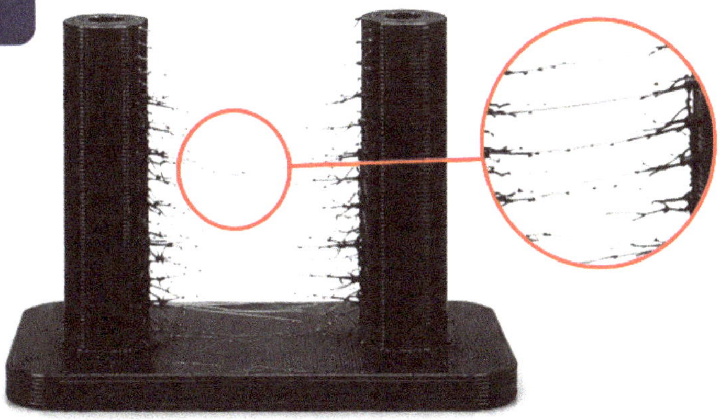

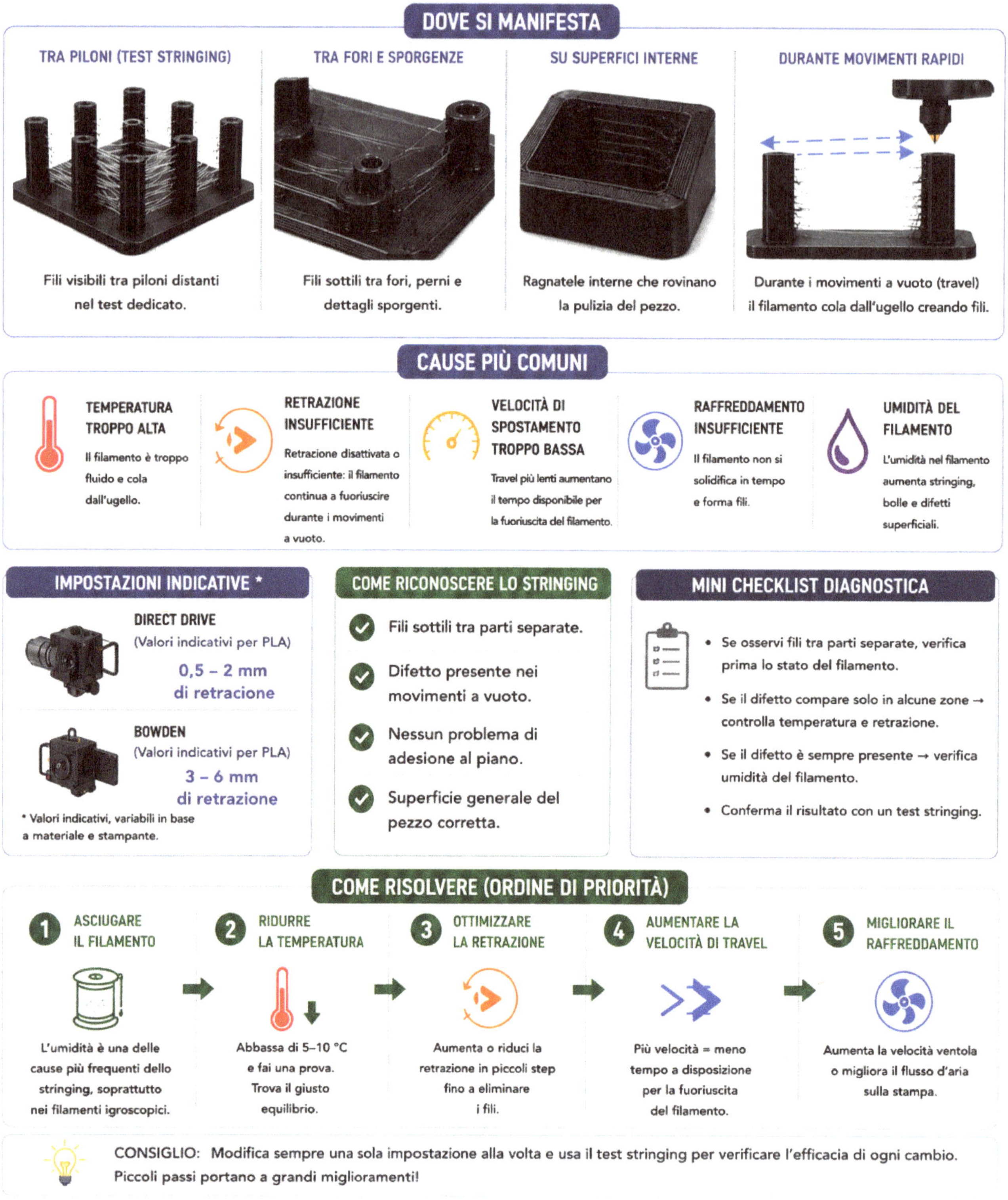

Fig. 29— Esempio di stringing evidente

6.1.1 Retrazione (retraction) vs temperatura (cosa conta davvero)

Qui nasce la maggior parte degli errori. Molti vedono stringing e aumentano subito la **retraction**. Poi però il problema peggiora. Succede perché la retraction non lavora da sola: dipende anche da temperatura, materiale e velocità. Se ignori questa combinazione, non risolvi davvero.

Partiamo dalla temperatura:

Se la temperatura è troppo alta, il filamento diventa troppo fluido: cola, crea fili e perde precisione. La soluzione pratica è abbassarla leggermente, sempre con piccoli step. L'errore comune è scendere troppo. In quel caso compaiono altri problemi, come scarsa adesione tra layer e sottoestrusione. La regola è semplice: cerca equilibrio, non estremi.

Ora la retraction:

La **retraction** serve a tirare indietro il filamento durante i movimenti del nozzle. Se è troppo bassa aumenta lo stringing; se è troppo alta possono comparire blocchi, salti di estrusione e difetti peggiori. Esempio reale: hai stringing, aumenti la retraction e il problema peggiora. Il motivo è che la temperatura era già troppo alta.

Metodo corretto

Segui questo ordine: prima regola la temperatura, poi la retraction. Fare il contrario è uno degli errori più comuni. Quando hai stringing, il metodo operativo è semplice: abbassa leggermente la temperatura, fai una stampa test e solo dopo regola la retraction.

Il punto chiave è questo: non esiste una singola leva. È sempre una combinazione di fattori.

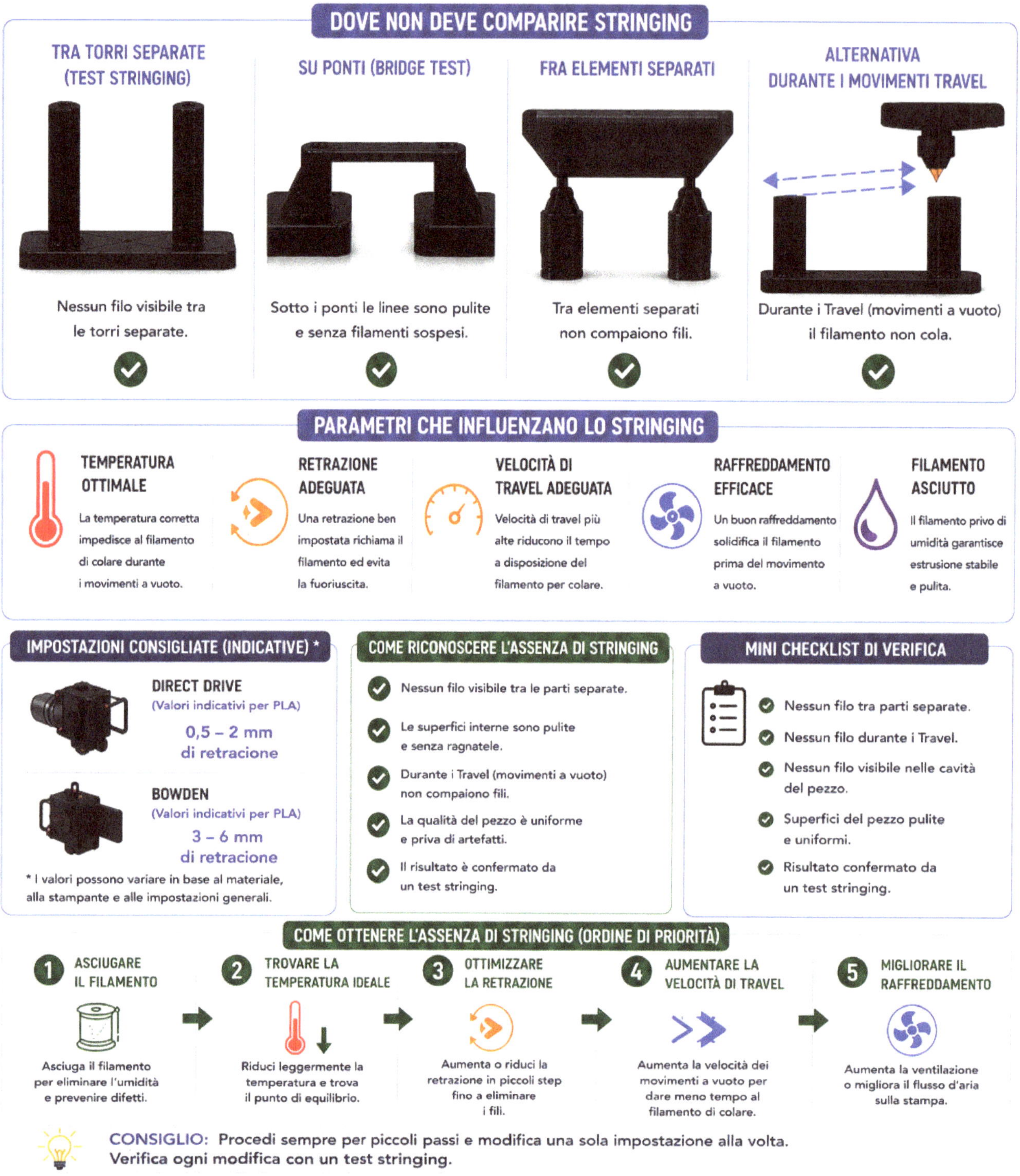

Fig. 30— Esempio di stampa senza stringing.

6.1.2 Il ruolo nascosto dell'umidità del filamento

Qui c'è il vero nemico invisibile: **l'umidità**. Molti non ci pensano, ma il filamento assorbe umidità dall'aria. Quando lo stampi, quell'acqua evapora e crea bolle, difetti superficiali e stringing. Gli effetti tipici sono fili persistenti, superficie ruvida e piccoli scoppiettii durante la stampa.

Ecco un esempio reale:

Hai già provato retraction e temperatura, ma niente cambia. Poi asciughi il filamento e il problema sparisce. I segnali chiari sono bobina aperta da giorni, ambiente umido e qualità che peggiora nel tempo. L'errore tipico è ignorare completamente questo fattore.

Una soluzione pratica è conservare il filamento in contenitori chiusi e ambienti asciutti. Evita di lasciarlo esposto per giorni. Un test semplice: se sospetti umidità, prova una bobina nuova. Se la qualità migliora, hai trovato il problema.

Sequenza completa per risolvere stringing e difetti:

Quando hai superfici sporche o fili, segui sempre questo ordine: controlla temperatura, regola retraction, verifica umidità. L'approccio sbagliato è cambiare tutto insieme senza capire nulla. Quello corretto è seguire una sequenza e individuare la causa. L'errore mentale più comune è voler una soluzione immediata. Non esiste. L'obiettivo reale non è eliminare subito tutti i difetti, ma capire da dove arrivano. Se vedi un difetto, non chiederti: *"Cosa cambio?"*, ma chiediti: *"Cosa lo causa?"*

Punto chiave finale:

La qualità non migliora per caso. Migliora quando inizi a ragionare per cause. Se le tue stampe fanno fili, blob o hanno superfici sporche, non cambiare tutto insieme. Segui un ordine: lavora su temperatura, regola retraction e controlla l'umidità. Quando inizi a fare questo, smetti di andare a tentativi e inizi davvero a migliorare. Ogni stampa diventa più pulita della precedente. Da lì la qualità smette di essere fortuna e diventa finalmente sotto il tuo controllo.

6.2 Layer shift, warping e problemi strutturali

Qui non parliamo più di piccoli difetti. Non è più una questione di fili o superfici poco pulite. Qui parliamo di stampe rovinate: pezzi storti, oggetti che si spostano a metà stampa, angoli che si sollevano o parti che si rompono. E la cosa più frustrante è questa: la stampa parte bene e poi si rovina dopo. È proprio questo che manda in crisi, perché non capisci cosa sia successo.

Il problema reale:

Questi errori non sono casuali. Sono segnali precisi. Ma se non sai leggerli, inizi a cambiare temperatura, velocità e impostazioni slicer senza risolvere nulla. L'errore tipico è pensare: *"È un problema del file"* oppure *"Devo cambiare impostazioni."* Nella maggior parte dei casi il problema non è lì. L'obiettivo di questo sottocapitolo è farti capire una cosa semplice: questi problemi sono quasi sempre fisici, non teorici.

I tre problemi principali sono:

- **layer shift**, cioè strati che si spostano lateralmente
- **warping**, con angoli che si sollevano
- problemi strutturali, come crepe e rotture

Non sono problemi separati: sono segnali diversi dello stesso tipo di errore.

LAYER SHIFTING (SPOSTAMENTO DEGLI STRATI)

Il layer shift (spostamento degli strati) si verifica quando uno o più strati vengono stampati in posizione errata rispetto a quelli precedenti, causando uno spostamento visibile del modello lungo l'asse X o Y.

Il difetto compromette la precisione dimensionale e l'aspetto della stampa.

RISULTATO IDEALE

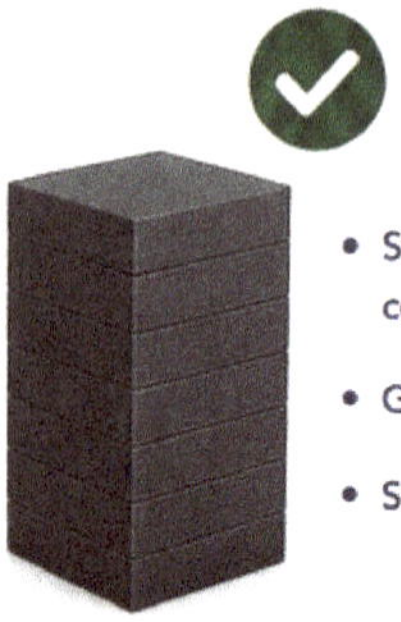

- Strati allineati correttamente
- Geometria precisa
- Superfici uniformi

ESEMPI DI LAYER SHIFTING

SPOSTAMENTO SU ASSE X

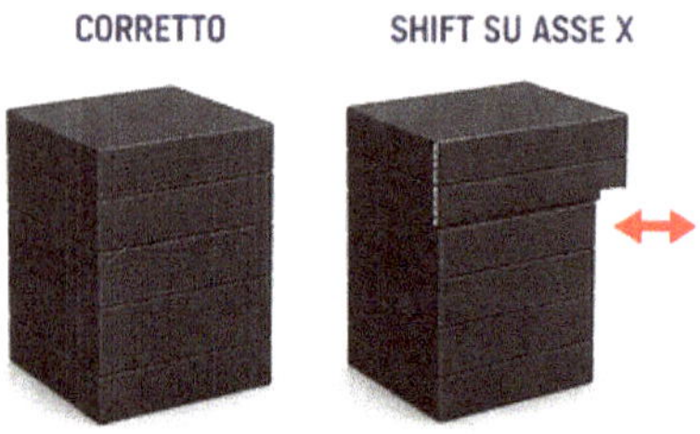

Tutti gli strati superiori sono spostati verso destra lungo l'asse X.

SPOSTAMENTO SU ASSE Y

Tutti gli strati superiori sono spostati in avanti lungo l'asse Y.

SPOSTAMENTO SEVERO

Layer shift di grande entità possono causare collisioni, perdita di passi e stampa inutilizzabile.

CAUSE PRINCIPALI

CINGHIE ALLENTATE O USURATE

Cinghie non tese possono saltare i denti.

PULEGGIA ALLENTATA O DENTI USURATI

Denti consumati o puleggia allentata causano slittamenti.

ATTRITO ECCESSIVO

Guide sporche o lubrificate male possono ostacolare il movimento.

ACCELERAZIONI E JERK TROPPO ELEVATI

Movimenti troppo rapidi possono superare i limiti meccanici.

DRIVER MOTORE SURRISCALDATI O CORRENTE INSUFFICIENTE

Driver che si surriscaldano o corrente insufficiente possono perdere passi.

PROBLEMI MECCANICI O STRUTTURALI

Viti allentate, telai instabili o giochi meccanici possono causare layer shift.

SOLUZIONI CONSIGLIATE

TENDI LE CINGHIE CORRETTAMENTE

Devono essere tese il giusto: non troppo, non troppo poco.

CONTROLLA E SOSTITUISCI I COMPONENTI USURATI

Sostituisci cinghie, pulegge e ingranaggi se mostrano segni di usura.

PULISCI E LUBRIFICA LE GUIDE

Mantieni guide e viti pulite e lubrificate regolarmente.

RIDUCI ACCELERAZIONI E JERK

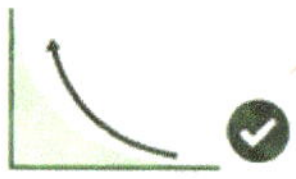

Imposta valori più bassi per ridurre lo stress sulla meccanica.

VERIFICA DRIVER E REGOLAZIONI

Assicurati che i driver siano correttamente raffreddati e con corrente adeguata.

VERIFICA LA STRUTTURA E IL MONTAGGIO

Assicurati che viti, telai e supporti siano ben serrati e stabili.

MINI CHECKLIST DI VERIFICA

- ✔ Cinghie ben tese e in buone condizioni.
- ✔ Pulegge motore correttamente serrate.
- ✔ Guide pulite e ben lubrificate.
- ✔ Viti e bulloni ben serrati.
- ✔ Accelerazioni e jerk impostati correttamente.
- ✔ Nessun ostacolo sui movimenti.
- ✔ Nessuno spostamento visibile sugli assi X o Y.
- ✔ Il risultato è confermato da una stampa di prova.

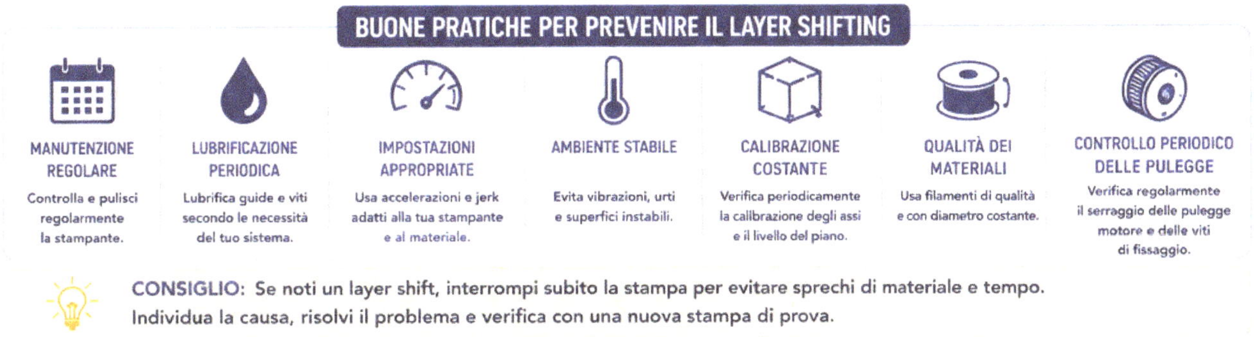

Fig. 31— Esempio di layer shifting durante la stampa.

6.2.1 Cause meccaniche vs cause software

Qui devi cambiare approccio. Non tutto dipende dalle impostazioni. Anzi, quasi mai.

Ogni problema nasce da due categorie: meccanica o software. Se non distingui queste due aree, perdi tempo.

Cause meccaniche (le più frequenti)

Le cinghie lente sono uno dei problemi più comuni. Se la cinghia non è ben tesa, il movimento perde precisione e compare il layer shift. Esempio reale: stampa perfetta per 30 minuti, poi salto improvviso. Non è il file: è la cinghia. Anche viti allentate e struttura instabile causano vibrazioni e imprecisioni. Lo stesso vale per attriti o blocchi: se un asse si muove male o fa resistenza, può saltare posizione. Il punto chiave è semplice: se la stampante non si muove in modo fluido, la stampa non sarà precisa.

L'errore comune è ignorare completamente la parte meccanica.

Cause software:

Le cause software esistono, ma sono meno frequenti. Velocità troppo alte o accelerazioni aggressive possono far perdere passi alla stampante. Anche impostazioni prese online senza criterio possono creare instabilità. La differenza è importante:

- problema meccanico = fisico e costante
- problema software = legato ai parametri

La regola fondamentale è controllare sempre prima la meccanica.

UNDER-EXTRUSION (ESTRUSIONE INSUFFICIENTE)

L'under-extrusion si verifica quando la stampante estrude meno materiale di quanto necessario. Le linee risultano sottili e incomplete, lasciando spazi tra i filamenti e causando una superficie ruvida, buchi e una scarsa resistenza meccanica.

CORRETTO

- Linee continue
- Superficie liscia
- Struttura solida

UNDER-EXTRUSION

- Linee sottili e irregolari
- Spazi tra i filamenti
- Superficie ruvida e porosa
- Resistenza ridotta

ESEMPI DI UNDER-EXTRUSION

SPAZI TRA I FILAMENTI

Si vedono vuoti tra le linee estruse.

SUPERFICIE RUVIDA

La superficie appare rugosa e irregolare.

RIEMPIMENTO INCOMPLETO

Il riempimento interno presenta buchi e mancanze.

PARETI FRAGILI

Le pareti hanno scarsa solidità e possono rompersi facilmente.

FORI E MANCANZE

Possono comparire fori e zone non estruse.

CAUSE PRINCIPALI

TEMPERATURA TROPPO BASSA
Il materiale non si ammorbidisce abbastanza e non scorre correttamente.

UGELLO PARZIALMENTE OTTURATO
Residui di materiale ostruiscono il passaggio del filamento.

FLUSSO DI MATERIALE TROPPO BASSO
L'estrusore spinge meno materiale del necessario.

FILAMENTO DI SCARSA QUALITÀ O DIAMETRO IRREGOLARE
Variazioni di diametro o impurità causano estrusione irregolare.

VELOCITÀ DI STAMPA TROPPO ELEVATA
Il materiale non riesce a essere estruso in tempo.

TENSIONE ESTRUSORE SCORRETTA
Una pressione errata dell'estrusore può causare slittamenti o deformazione del filamento.

USURA UGELLO
Un ugello usurato può causare estrusione irregolare.

ESTRUSORE CHE SLITTA / GRINDING DEL FILAMENTO
L'estrusore non riesce a spingere il filamento, che viene consumato invece di avanzare.

SOLUZIONI CONSIGLIATE

AUMENTA LA TEMPERATURA
Usa una temperatura adeguata al materiale utilizzato.

PULISCI L'UGELLO
Esegui una pulizia a freddo o a caldo per rimuovere eventuali residui.

AUMENTA IL FLUSSO DI MATERIALE
Aumenta il flusso solo dopo aver escluso ostruzioni e problemi meccanici.

VERIFICA IL FILAMENTO
Controlla che il diametro sia costante e che non ci siano impurità.

RIDUCI LA VELOCITÀ DI STAMPA
Stampa più lentamente per garantire una corretta estrusione.

REGOLA LA TENSIONE DELL'ESTRUSORE
Imposta una pressione corretta per spingere il filamento senza schiacciarlo.

SOSTITUISCI L'UGELLO SE USURATO
Un ugello nuovo migliora il flusso e la qualità di stampa.

MINI CHECKLIST DI VERIFICA

- ✔ Temperatura adeguata al materiale.
- ✔ Ugello pulito e non osturato.
- ✔ Flusso di materiale corretto.
- ✔ Filamento di qualità e con diametro costante.
- ✔ Velocità di stampa adeguata.
- ✔ Tensione estrusore impostata correttamente.
- ✔ Ugello in buone condizioni e non usurato.
- ✔ Nessun vuoto visibile tra le linee estruse.

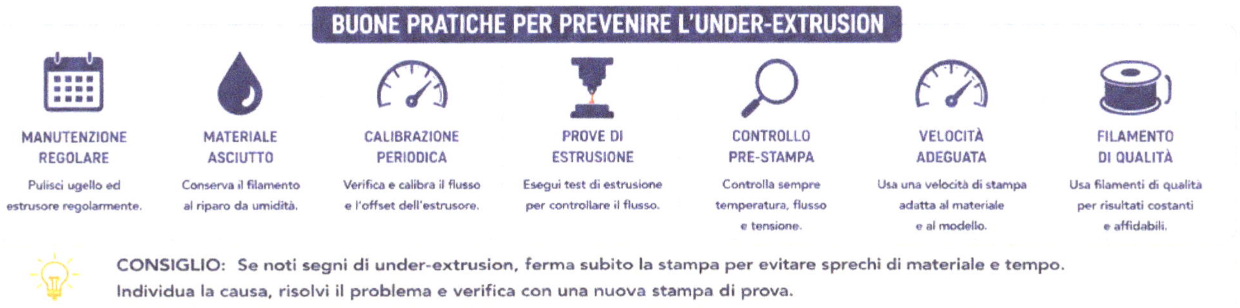

Fig. 32 — Esempio di estrusione insufficiente durante la stampa

6.2.2 Diagnosi dei problemi di movimento e stabilità

Qui devi fare il salto di qualità. Non basta vedere il problema: devi capirlo. Molti vedono il difetto, cercano una soluzione online e la applicano senza analizzare nulla. Devi invece imparare a leggere i segnali. Se il layer shift è improvviso, il problema è quasi sempre nel movimento: cinghia lenta, ostacolo o motore che salta passi. Se invece compare sempre nello stesso punto, il problema è ripetibile e spesso dipende da un attrito o da un difetto meccanico.

Il warping, cioè gli angoli che si sollevano, è invece un problema termico causato da ambiente freddo, correnti d'aria o raffreddamento troppo veloce. Le crepe tra layer indicano quasi sempre adesione debole tra gli strati, spesso dovuta a temperatura troppo bassa o raffreddamento eccessivo. **Esempio reale:** Stampi un pezzo alto. A metà stampa si sposta. Controlli lo slicer: tutto ok. Controlli la stampante: cinghia lenta.

Metodo di diagnosi semplice

Prima guarda quando succede il problema: subito, dopo un po' o sempre nello stesso punto. Poi identifica il tipo di errore: movimento, adesione o struttura. Solo dopo passa al controllo della macchina. Se hai problemi strutturali, verifica sempre che:• le cinghie siano tese

- le viti strette
- la stampante stabile
- gli assi fluidi

La differenza reale è questa: chi non controlla cambia impostazioni, perde tempo e peggiora. Chi controlla la macchina trova subito il problema e migliora più velocemente. L'errore mentale più comune è pensare: *"È complicato"*. In realtà è logico. Ogni problema ha un segnale, una causa e una soluzione.

Esempio:

- layer shift → causa meccanica → controllo cinghia
- warping → causa ambientale → stabilità termica

Punto chiave finale:

Quando una stampa si rovina non è sfortuna e non è casuale. C'è sempre qualcosa che puoi identificare.

Conclusione:

Se vuoi risolvere questi problemi, separa meccanica e software, controlla prima la macchina e osserva quando e come succede il difetto. Quando inizi a fare questo, smetti di tentare a caso e inizi davvero a diagnosticare. E succede una cosa importante: anche i problemi più frustranti diventano prevedibili. E quando sono prevedibili, diventano risolvibili. Da lì inizi davvero a controllare la stampa 3D, invece di subirla.

6.3 Un sistema di troubleshooting che funziona davvero

Se sei arrivato fin qui, hai già capito una cosa importante: i problemi nella stampa 3D non sono casuali. Ma resta un punto critico: quando succede qualcosa, spesso non sai da dove partire. Allora fai quello che fanno tutti: cerchi una soluzione veloce, provi quello che trovi online, cambi più impostazioni insieme e ti perdi.

Il problema reale:

Non mancano le soluzioni. Manca un sistema. Senza un sistema, ogni problema sembra diverso, ogni stampa diventa un nuovo tentativo e non capisci cosa funziona davvero. E quindi resti bloccato. L'obiettivo di questo sottocapitolo è darti un metodo pratico che puoi usare sempre, indipendentemente dal problema. La regola fondamentale è semplice: non cambiare mai più di una cosa alla volta. Questo da solo cambia tutto.

Esempio reale: hai stringing, quindi abbassi temperatura, aumenti retraction e cambi velocità. Magari migliora, ma non sai perché. Alla stampa successiva torni al punto di partenza.

L'approccio corretto è avere controllo.

6.3.1 Isolare una variabile alla volta

Questo è il cuore del sistema. Se lo capisci, hai già fatto il salto di livello. Ogni stampa dipende da molte variabili: temperatura, velocità, retraction, ambiente e materiale. Se le modifichi insieme, perdi completamente il controllo. L'obiettivo è **isolare una sola variabile.**

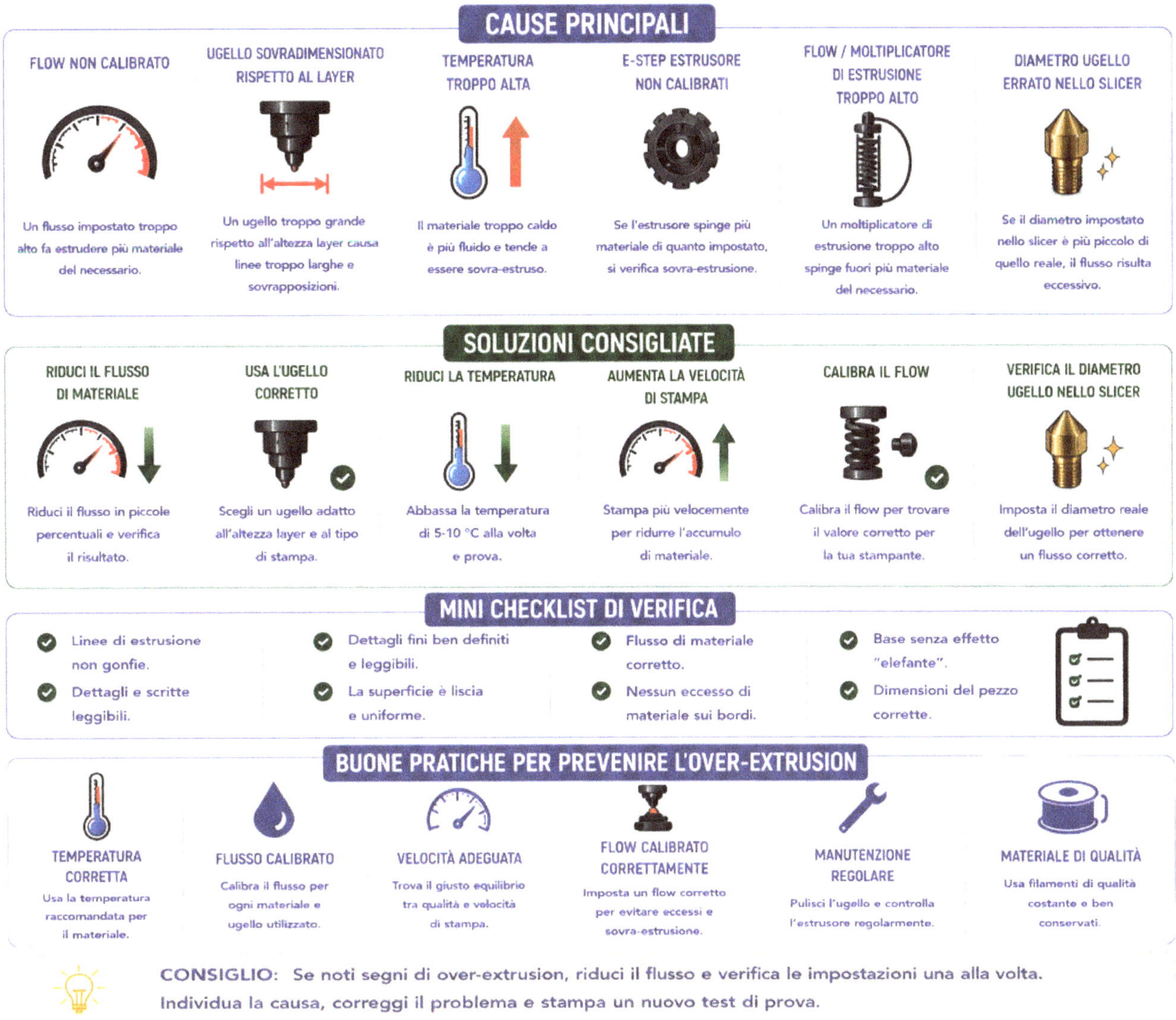

Fig. 33 — Esempio di estrusione eccessiva (over extrusion) durante la stampa

Metodo operativo

STEP 1 — Definisci il problema

Non dire *"la stampa è brutta"*. Devi essere preciso: *"fa fili tra le parti"*, *"gli angoli si sollevano"*, *"si sposta a metà"*.

STEP 2 — Scegli una causa possibile

Non tutte. Una sola. Esempio: stringing → temperatura troppo alta.

STEP 3 — Modifica una sola cosa

Solo quella. Nient'altro.

STEP 4 — Testa

BLOB / ZITS (RIGONFIAMENTI)

I blob o zits sono piccoli rigonfiamenti irregolari sulla superficie del modello, causati da depositi di materiale in eccesso in punti specifici.

Possono rovinare l'aspetto estetico della stampa e compromettere i dettagli fini.

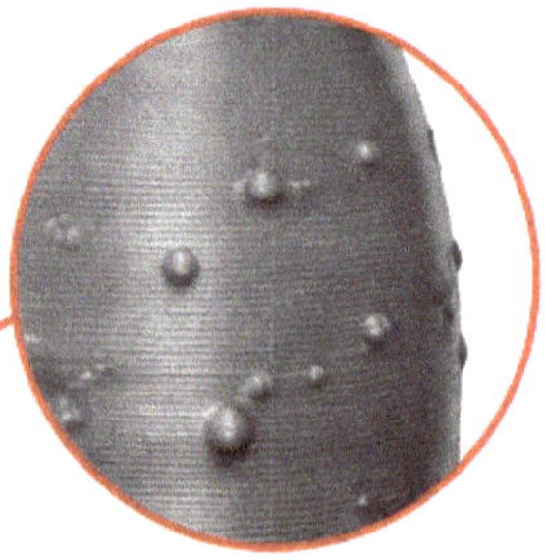

COME APPARE

- Piccoli rigonfiamenti locali
- Superficie irregolare al tatto
- Più visibili su superfici lisce e verticali

CAUSE PRINCIPALI

RITRAZIONE INSUFFICIENTE

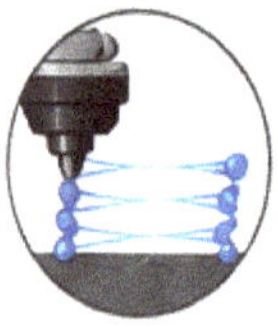

Durante gli spostamenti il filamento continua a fuoriuscire formando piccoli depositi.

TEMPERATURA TROPPO ALTA

Il materiale diventa troppo fluido e tende a colare e accumularsi in punti casuali.

PRESSIONE RESIDUA NELL'UGELLO

La pressione nel nozzle spinge fuori materiale durante gli spostamenti creando rigonfiamenti.

RAFFREDDAMENTO INSUFFICIENTE

Il materiale non si solidifica abbastanza in tempo e si accumula prima di raffreddarsi.

FLUSSO / MOLTIPLICATORE DI ESTRUSIONE TROPPO ALTO

Un flusso eccessivo causa uscite di materiale in volume e dove non necessario.

CUCITURE VISIBILI (Z-SEAM)

La giunzione tra le linee inizio/fine layer può creare piccoli accumuli di materiale visibili sulla superficie.

PRESSURE ADVANCE / LINEAR ADVANCE NON CALIBRATO

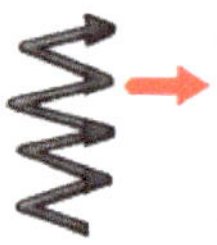

Una compensazione errata causa variazioni di pressione che generano piccoli rigonfiamenti.

MODELLO STL MOLTO SEGMENTATO

Le facce triangolari irregolari e la scarsa qualità della mesh possono creare imperfezioni visibili.

SOLUZIONI CONSIGLIATE

AUMENTA LA RITRAZIONE

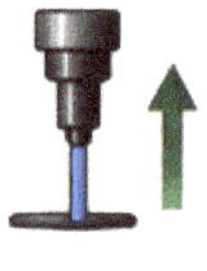

Aumenta la distanza e/o la velocità di ritrazione.

RIDUCI LA TEMPERATURA

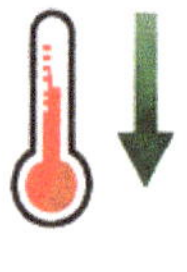

Abbassa la temperatura di 5–10 °C alla volta e verifica il risultato.

MIGLIORA IL RAFFREDDAMENTO

Aumenta la velocità della ventola e migliora il flusso d'aria.

CALIBRA IL FLOW

Riduci il moltiplicatore di estrusione (flow) a piccoli passi.

CALIBRA PRESSURE / LINEAR ADVANCE

Imposta un valore corretto per stabilizzare la pressione nel nozzle durante gli spostamenti.

MIGLIORA LA QUALITÀ DELLO STL

Usa un modello con più poligoni, superfici regolari e senza errori di mesh.

CAMBIA POSIZIONE DELLA CUCITURA (Z-SEAM)

Posiziona la cucitura in un angolo o su una superficie poco visibile.

Fig. 34 — Esempio di rigonfiamenti (blob-zits) durante la stampa

Guarda il risultato. Se migliora, hai trovato la causa. Se non cambia, passa alla causa successiva. L'errore tipico è cambiare due o tre cose *"per velocizzare."* In realtà rallenti.

Esempio concreto: problema di stringing. Approccio sbagliato: abbassi temperatura, aumenti retraction e cambi ventola. Risultato: caos. Approccio corretto: abbassi temperatura, testi e osservi. Il punto chiave è questo: **meno cambi = più controllo.**

Ogni modifica deve essere piccola, mirata e verificabile. L'obiettivo reale non è risolvere tutto subito, ma capire cosa funziona davvero.

Abitudine da sviluppare: ogni volta che modifichi qualcosa, chiediti perché.

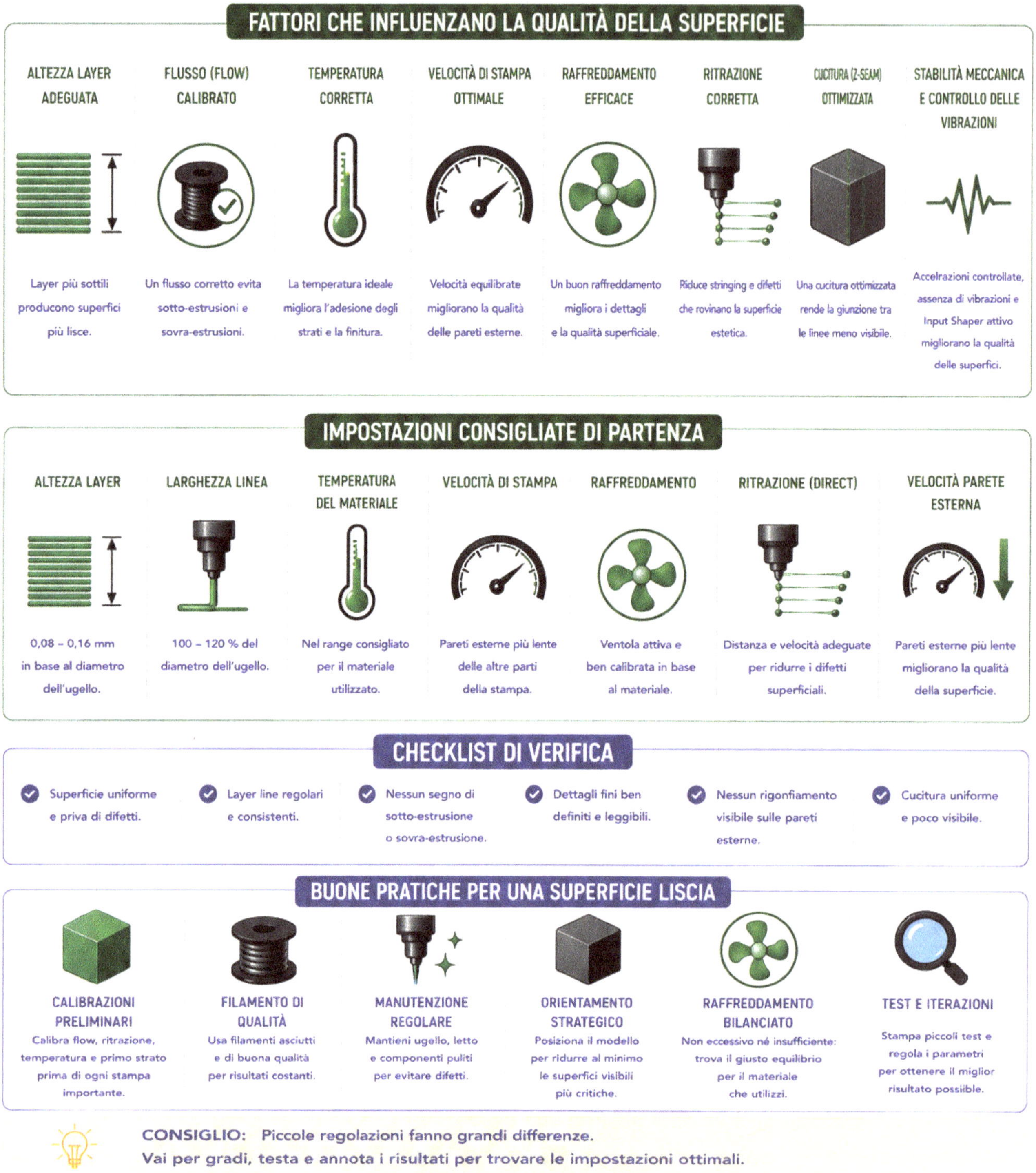

Fig. 35 — Esempio di superficie liscia corretta durante la stampa

6.3.2 Creare piccoli test di stampa che servano davvero

Qui molti fanno un errore enorme: usano sempre lo stesso oggetto oppure stampano direttamente quello che gli serve. È sbagliato perché richiede tempo, spreca materiale e rende difficile capire cosa succede. Il metodo corretto è usare **test piccoli e mirati.** Funzionano perché sono veloci, chiari e facili da confrontare. Esempio reale: hai un problema di adesione e stampi un oggetto grande. Fallisce dopo 30 minuti: tempo perso. Metodo corretto: fai un test del primo layer in 5 minuti e ottieni feedback immediato.

Tipi di test utili:

Il test primo layer serve per adesione e Z-offset. Il **cubo semplice** aiuta a valutare la qualità generale. **Il test stringing** serve per fili e retraction. L'errore comune è usare test troppo complessi. La regola è semplice: più il test è semplice, meglio è.

Fig. 36 — Esempio di ghosting/ringing durante la stampa

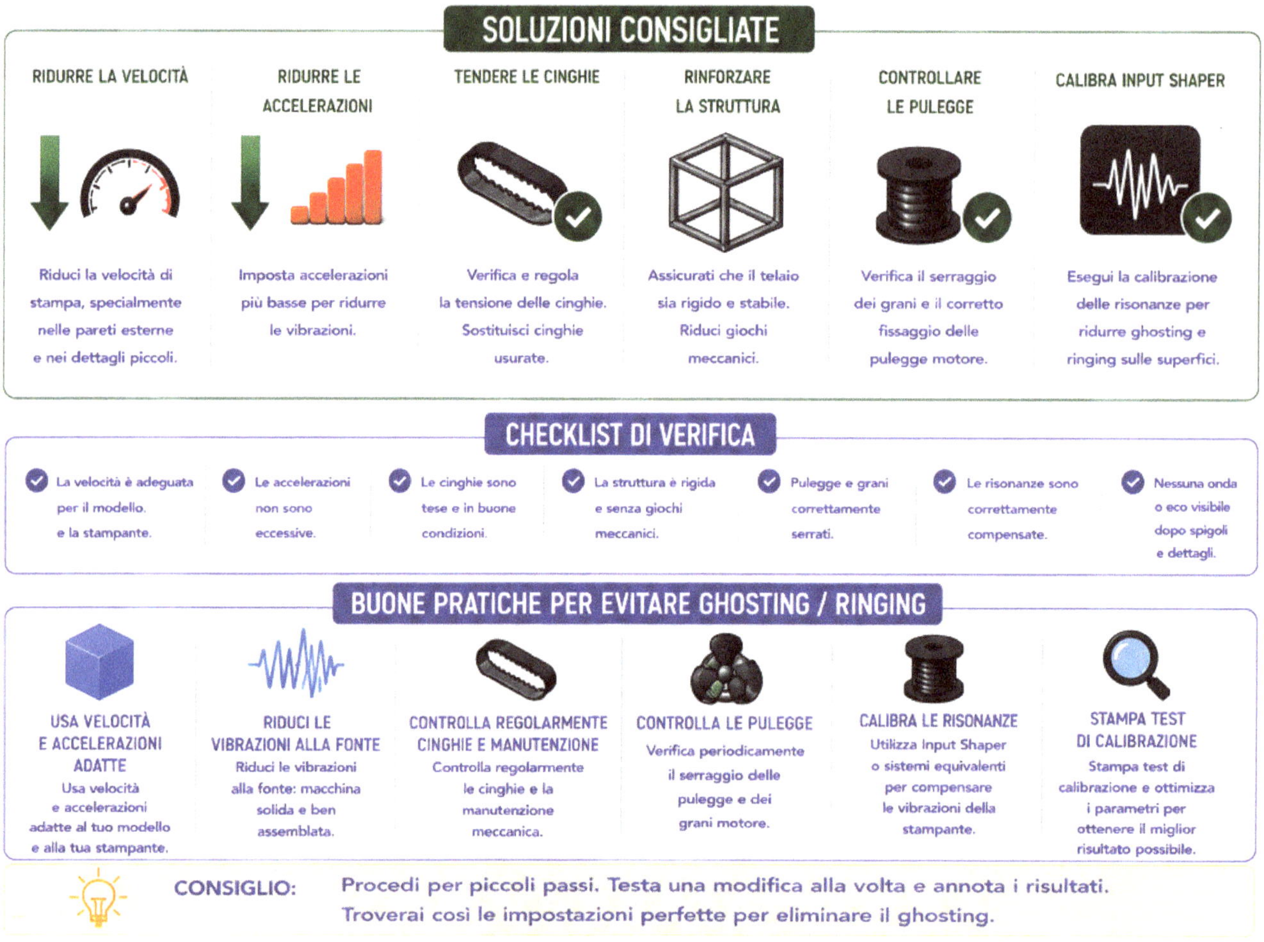

Fig. 36 — Esempio di ghosting/ringing durante la stampa

Come costruire un test utile:

Identifica il problema, scegli un test specifico, applica una modifica e confronta il risultato. Esempio completo: problema di stringing. Test: due torri separate. Modifica: abbassi temperatura. Risultato: meno fili. Questo è progresso reale.

Sistema completo:

Quando hai un problema: Definisci il difetto

1. Scegli una causa
2. Modifica una cosa
3. Usa un test piccolo
4. Osserva
5. Ripeti

Sempre così.

Punto chiave finale:

La stampa 3D diventa semplice quando smetti di improvvisare e inizi a seguire un sistema. Se vuoi migliorare davvero, lavora su una variabile, usa test piccoli, osserva ogni cambiamento e non modificare a caso. Quando inizi a fare questo, smetti di indovinare e inizi a capire. Ogni problema diventa prevedibile, quindi risolvibile. Ed è lì che la stampa 3D passa da frustrante a controllabile.

Questo è il vero salto di livello.

Fig. 37 — Esempio di blocco del filamento da incrocio tra le spire durante la stampa

Fig. 37 — Esempio di blocco del filamento da incrocio tra le spire durante la stampa

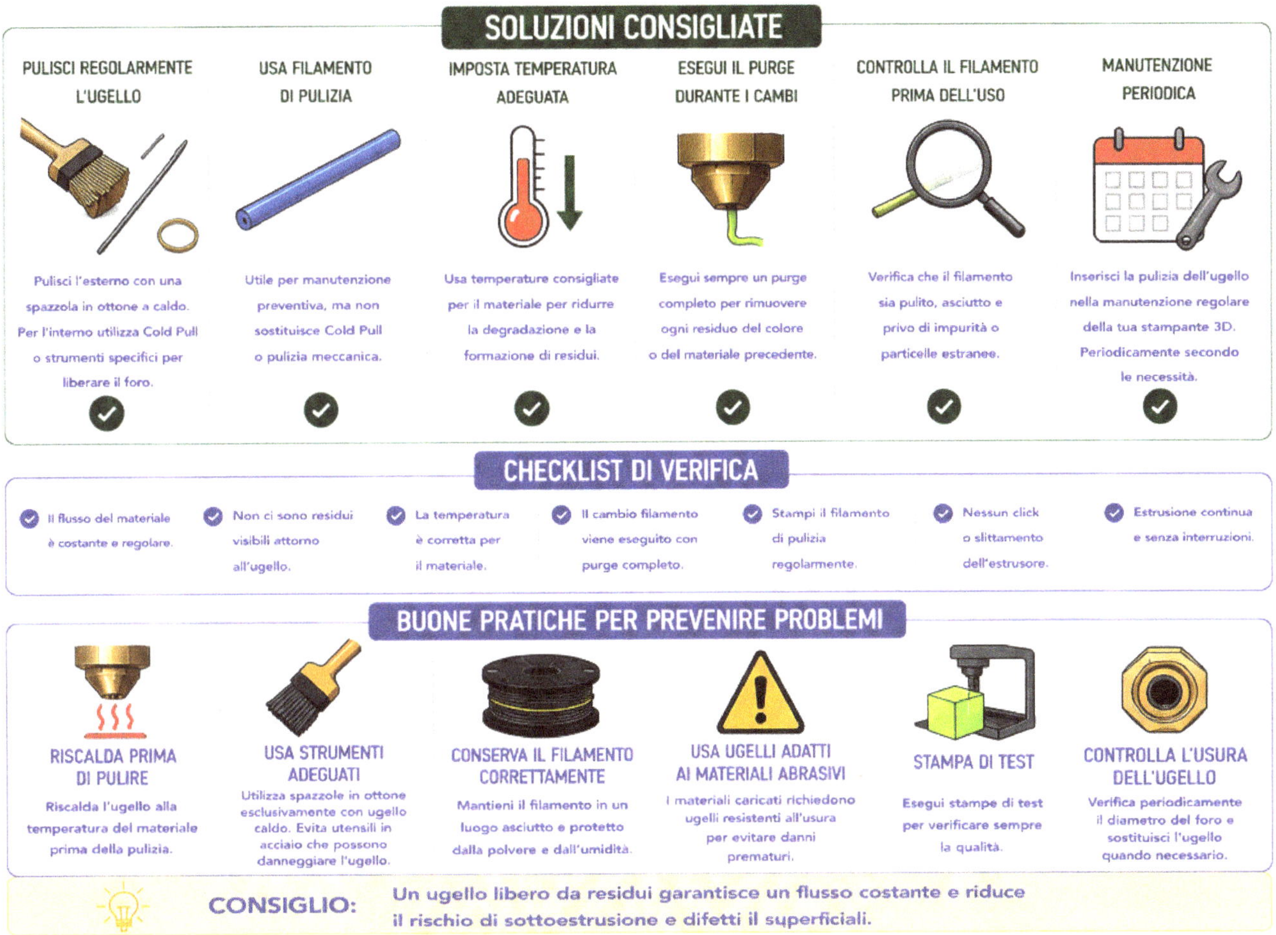

Fig. 38 — Esempio di ugello parzialmente ostruito

CAPITOLO 7

COME SCEGLIERE IL MATERIALE GIUSTO SENZA BUTTARE SOLDI

7.1 Scegliere il materiale giusto in base a ciò che vuoi stampare

Qui si gioca una delle decisioni più importanti, ma anche più sottovalutate.

Molti iniziano comprando una stampante e qualche bobina scelta a caso. Dopo pochi tentativi arrivano problemi continui, stampe che non vengono bene e frustrazione. A quel punto nasce sempre la stessa domanda: *"Quali impostazioni devo usare per questo materiale?"*. Nella maggior parte dei casi, però, il problema nasce prima. Non è il settaggio: è la scelta del materiale. Ogni filamento ha un comportamento diverso in termini di adesione, temperatura, resistenza e facilità di stampa. Se usi il materiale sbagliato, avrai problemi anche con impostazioni corrette.

La domanda giusta è sempre questa: *"A cosa serve questo oggetto?"*

Se devi imparare e fare test, il PLA è la scelta più logica. Se ti serve qualcosa di più resistente, il PETG ha più senso. Se invece vuoi pezzi tecnici o resistenti al calore, allora può servire ABS. L'errore tipico è fare il contrario: scegliere il materiale e poi cercare di adattarlo all'uso. Esempio reale: vuoi stampare un supporto resistente, usi PLA e si rompe. Non è colpa della stampante. È semplicemente il materiale sbagliato.

La regola pratica è semplice: **prima scegli l'uso, poi il materiale.**

7.1.1 PLA vs ABS vs PETG (differenze reali nella pratica)

Qui serve chiarezza pratica, senza teoria complicata.

PLA: E' il miglior punto di partenza. È facile da stampare, richiede pochi aggiustamenti e non ha bisogno di ambiente controllato. Va bene per test, prototipi e oggetti semplici. I limiti principali sono la minore resistenza e la sensibilità al calore. Il punto chiave è questo: il PLA serve per imparare. L'errore tipico è abbandonarlo troppo presto pensando che materiali più complessi producano automaticamente stampe migliori.

PETG: E' il passo successivo. È più resistente del PLA ed è adatto a oggetti da usare ogni giorno. Ma introduce nuove difficoltà: tende a fare stringing, richiede più controllo e può aderire troppo al piano. Esempio reale: passi dal PLA al PETG e compaiono fili ovunque. Non è un problema della stampante, ma del comportamento del materiale.

ABS: E' pensato per utilizzi più tecnici. Resiste meglio al calore ed è più robusto, ma è molto più sensibile all'ambiente. Il problema tipico è il warping: gli angoli si sollevano facilmente se l'ambiente non è stabile. Esempio reale: stampi ABS vicino a una finestra e il pezzo continua a deformarsi. Non è questione di impostazioni, ma di condizioni sbagliate. Per questo motivo usarlo all'inizio è quasi sempre un errore.

Riassunto pratico: Se vuoi semplicità, usa PLA. Se vuoi più resistenza, passa al PETG. Se hai esigenze tecniche specifiche, valuta ABS. Non esiste il materiale "migliore". Esiste quello più adatto a ciò che devi fare.

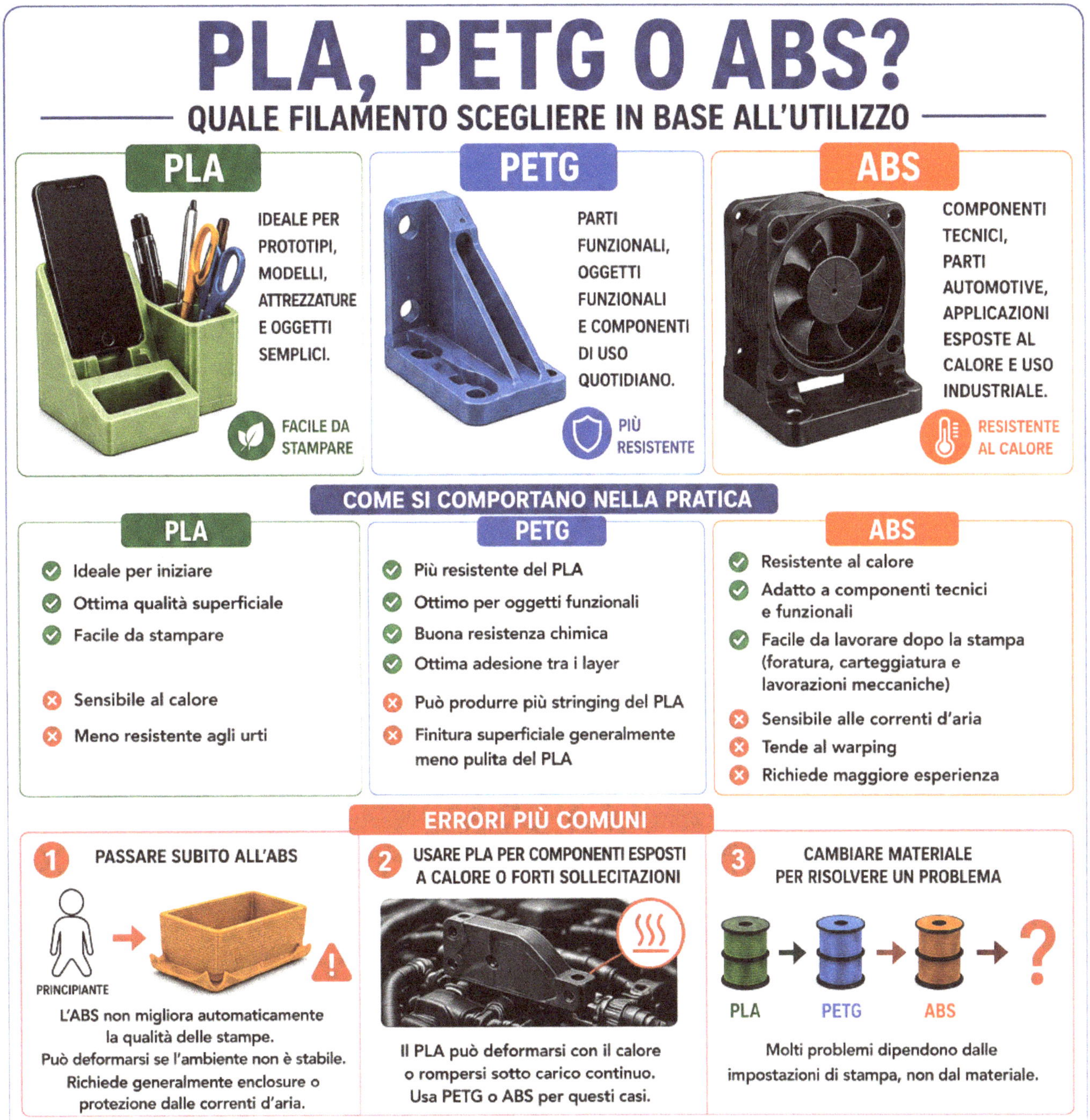

Fig. 39 — Esempio di fiilamento da scegliere in base all'utilizzo

7.1.2 Quando usare materiali speciali

Qui molti principianti fanno un altro errore comune. Vedono filamenti avanzati come TPU, carbonio o legno e pensano: ***"Se uso questi, miglioro la qualità"***. In realtà non migliorano automaticamente le stampe. Aumentano solo la complessità.

Esempio reale: hai ancora problemi con il PLA, passi a un materiale flessibile come il TPU e tutto diventa più complicato. La regola è semplice: se non controlli bene il PLA, passare a materiali avanzati peggiorerà soltanto la situazione. I materiali flessibili servono quando hai bisogno di elasticità. Quelli caricati con carbonio o legno servono per caratteristiche estetiche o strutturali specifiche. I materiali tecnici servono per esigenze particolari, non per imparare. L'errore più comune è usarli per cercare di "stampare meglio". In realtà servono a fare cose diverse, non a migliorare automaticamente la qualità. La strategia corretta è semplice:

- impara bene il PLA
- passa al PETG
- solo dopo valuta materiali avanzati

Chi segue questo percorso migliora più velocemente e capisce davvero i problemi. Chi cambia continuamente materiale finisce quasi sempre per confondersi. L'approccio corretto non è: *"Se non funziona, cambio materiale."* Ma: *"Se non funziona, devo capire perché"*.

Conclusione: Il materiale non è un dettaglio. È una scelta strategica. Se vuoi evitare errori e soldi buttati, scegli sempre il filamento in base all'utilizzo reale, parti dal PLA e non passare troppo presto a materiali complessi. Quando inizi a fare questo, smetti di combattere con il materiale e inizi finalmente a usarlo nel modo corretto.

7.2 Stampare in resina senza rischi nascosti

Molti arrivano a questo punto e pensano: *"La resina è meglio"*, *"fa più dettaglio"*, *"voglio qualità superiore"*. In parte è vero: la resina permette dettagli più precisi, superfici lisce e risultati molto puliti. Ma c'è un punto che molti scoprono troppo tardi: **la resina non è solo "un altro materiale"**. È un processo diverso.

Il problema reale: Chi passa dalla stampa FDM alla resina spesso pensa che il workflow sia simile. Non lo è. Il risultato tipico è questo: stampe fallite, modelli rovinati e confusione totale. La frase è sempre la stessa: *"Con il PLA stampavo, con la resina non capisco cosa sto sbagliando"*. Succede perché il processo cambia completamente. La resina non è necessariamente più difficile, ma è **meno tollerante agli errori**.

7.2.1 Differenze di workflow rispetto alla stampa FDM

Se vieni dalla stampa a filamento, sei abituato a preparare il file, avviare la stampa, aspettare e staccare il pezzo. Con la resina non funziona così: il processo è più lungo e delicato.

STEP 1 — **Preparazione del file**

Qui cambia tutto. Non basta caricare il modello: devi orientarlo correttamente, aggiungere supporti e valutare le superfici.

L'errore tipico è stampare il modello "così com'è". Risultato: fallimento. Esempio reale: una miniatura dettagliata stampata senza supporti adeguati può uscire incompleta o deformata. Il punto chiave è semplice: l'orientamento è fondamentale.

STEP 2 — **Stampa**

Qui sembra tutto semplice, ma la stampa in resina è più sensibile. I problemi tipici sono pezzi che non si attaccano alla piattaforma, layer che non si formano o stampe che restano nella vasca. La differenza importante è questa: nella FDM vedi subito cosa succede; nella resina spesso scopri il problema solo a fine stampa. Questo aumenta la frustrazione.

STEP 3 — **Post-processo**

Questa è la parte che cambia davvero il gioco. Con la resina non hai finito quando la stampa finisce: hai appena iniziato.

WORKFLOW RESIN

STAMPA → LAVAGGIO → CURING

I TRE PASSAGGI FONDAMENTALI PER STAMPE RESIN DI QUALITÀ

Fig. 40 — Esempio di workflow di stampa con la resina

7.2.2 Requisiti di post-processing

Dopo la stampa devi fare almeno tre cose: lavaggio, rimozione supporti e cura UV.

Lavaggio: Il pezzo è coperto di resina liquida e non è ancora utilizzabile. Devi lavarlo con alcool, come IPA o prodotti simili, per rimuovere i residui. L'errore tipico è saltare questa fase o farla male. Risultato: superficie appiccicosa. I supporti vanno tolti con attenzione. Se forzi troppo, rovini il pezzo.

Cura UV: Il pezzo appena stampato non è ancora completamente solido: serve esposizione UV per ottenere indurimento finale e stabilità. Se non curi abbastanza, il pezzo può restare fragile o deformarsi. Esempio reale: una stampa perfetta, ma curata male, può piegarsi dopo poche ore.

Punto chiave: Con la resina, il risultato dipende tanto dal post-processo quanto dalla stampa. Nella FDM la stampa è quasi finita quando si conclude; nella resina è solo metà lavoro. Altri errori tipici sono supporti eccessivi, che lasciano segni visibili, supporti insufficienti, che deformano il pezzo, oppure orientamento sbagliato, che porta al fallimento completo. La regola pratica è semplice: **ogni fase è critica.** Chi si blocca tratta la resina come PLA, improvvisa e salta passaggi. Chi riesce segue il processo, controlla ogni fase e capisce il workflow.

L'approccio corretto è: **preparo → stampo → processo → verifico.**

Mini checklist pratica: Prima di stampare in resina, controlla che il modello sia orientato bene, che i supporti siano corretti e che l'ambiente sia pronto. Dopo la stampa, completa sempre lavaggio, rimozione supporti e cura UV.

Conclusione: La resina dà risultati migliori solo se segui il processo completo. Se vuoi evitare frustrazione, non trattarla come PLA, accetta che il workflow è diverso, cura ogni fase e non saltare il post-processo. Quando inizi a fare questo, le stampe migliorano drasticamente e smetti di fallire *"senza capire perché"*. Finalmente stai seguendo il processo giusto.

SICUREZZA BASE NELLA STAMPA A RESINA

GUANTI, VENTILAZIONE E BUONE ABITUDINI

Poche regole semplici per lavorare in sicurezza ogni giorno

RESPIRATORE FFP2 / FFP3

Per polveri e aerosol.
Per esposizioni prolungate ai vapori possono essere necessari sistemi con filtri specifici per vapori organici.

OCCHIALI PROTETTIVI

Raccomandati durante pulizia, travaso e manutenzione.

GUANTI IN NITRILE

Indossali durante tutte le fasi di manipolazione della resina.

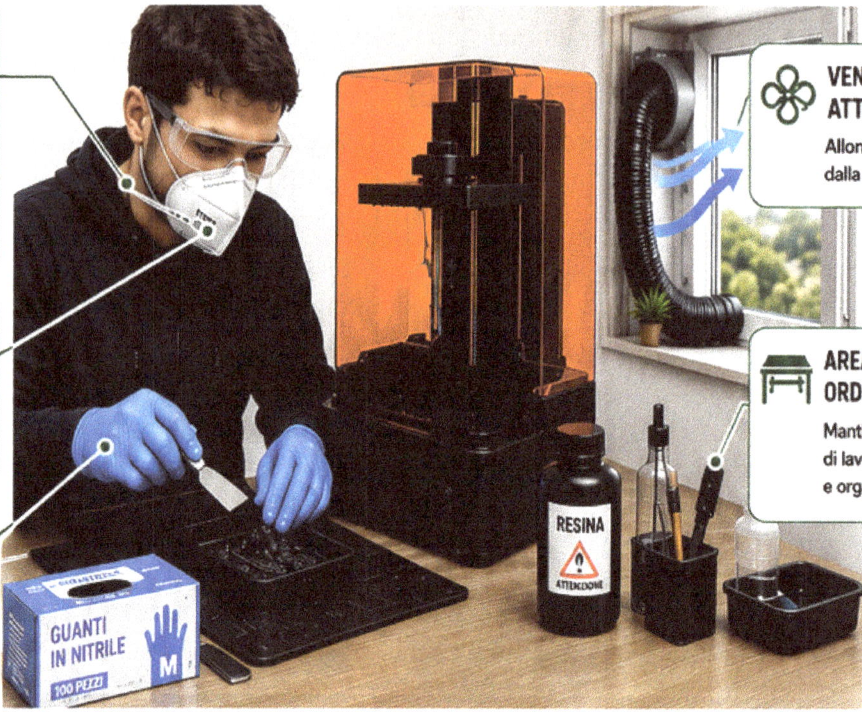

VENTILAZIONE ATTIVA

Allontana i vapori dalla zona di lavoro.

AREA DI LAVORO ORDINATA

Mantieni il tuo spazio di lavoro pulito e organizzato.

1 PROTEZIONE MINIMA

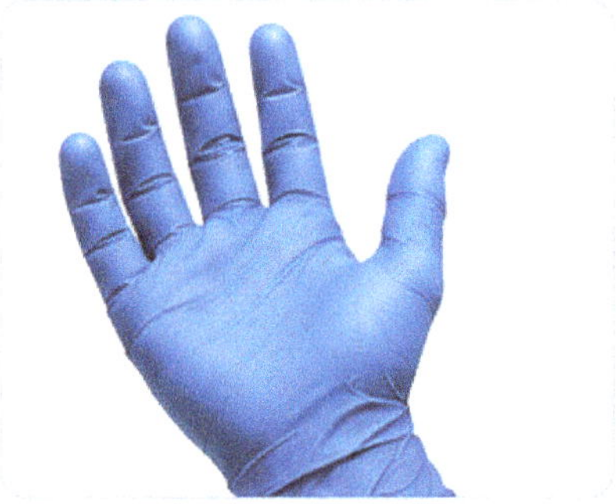

GUANTI SEMPRE

- Evita il contatto diretto con la resina liquida
- Riduce il rischio di irritazioni
- Indossali durante tutte le fasi di manipolazione della resina.

OCCHIALI PROTETTIVI

- Proteggono da schizzi accidentali
- Raccomandati durante pulizia, travaso e manutenzione.

2 VENTILAZIONE

AMBIENTE VENTILATO

- Favorisce il ricambio dell'aria.
- Riduce l'accumulo di vapori.
- Aiuta a mantenere un ambiente di lavoro più sicuro.

DA EVITARE

- Piccoli ambienti chiusi.
- Nessun ricambio d'aria.
- Stampante in camere da letto o ambienti abitati per molte ore.

3 AREA DI LAVORO

BUONE PRATICHE

- Mantieni strumenti sempre nello stesso posto.
- Proteggi la superficie di lavoro.
- Pulisci immediatamente eventuali fuoriuscite di resina liquida.
- Lavora in modo ordinato.

USA UN TAPPETINO PROTETTIVO

TIENI CARTA ASSORBENTE A PORTATA DI MANO

USA CONTENITORI DEDICATI

Fig. 41 — Norme di sicurezza base nella stampa a resina

7.3 Stampare in resina a casa senza rischi

Qui molti fanno un errore serio. Pensano: *"È solo stampa 3D"*, *"non è pericoloso"* oppure *"basta stare attenti"*. Questo può valere per il PLA. Non per la resina.

Il problema reale: La resina liquida non è innocua. Può irritare la pelle, emettere vapori e creare problemi se usata male. E il punto è questo: molti lo scoprono dopo. Frasi tipiche sono: *"Non pensavo avesse un odore così forte"* oppure *"Mi sono sporcato le mani e mi ha dato fastidio"*. La sicurezza nella stampa a resina viene spesso sottovalutata, soprattutto all'inizio. L'obiettivo di questo sottocapitolo non è spaventarti, ma evitarti errori inutili. Non serve un laboratorio professionale: bastano buon senso e poche regole chiare. La cosa importante da capire è questa: **la resina è sicura solo se gestita correttamente.**

7.3.1 Protezione minima (guanti, ventilazione e gestione)

Qui andiamo sul pratico: cosa devi fare davvero.

Guanti sempre: Non toccare mai la resina liquida a mani nude. Può irritare la pelle e creare sensibilità nel tempo. L'errore tipico è pensare: *"È solo un attimo"*. Ma basta poco per esporsi. La soluzione è semplice: usa sempre guanti, meglio se in nitrile. La regola deve diventare automatica: **resina liquida = guanti obbligatori.**

Ventilazione: Anche questo è fondamentale.

La resina emette vapori e i segnali tipici sono odore forte e aria pesante. Non serve una stanza professionale, ma almeno un ambiente ventilato con aria che circola. Una finestra aperta è già molto meglio di una stanza chiusa. L'errore comune è stampare in ambienti piccoli senza ventilazione.

Gestione dell'area di lavoro: Non lavorare in modo casuale. Serve un'area dedicata, con superfici protette e strumenti sempre nello stesso posto. Esempio reale: versi una goccia di resina sul tavolo, non la noti e ti sporchi più tardi. Per questo conviene usare tappetini, mantenere ordine e pulire subito eventuali residui. La sicurezza non dipende solo dai guanti, ma anche dall'organizzazione.

Pulizia immediata: Se cade resina, pulisci subito. Molti rimandano pensando: ***"Pulisco dopo."*** È così che iniziano contaminazioni e sporco ovunque. Carta, alcool e pulizia immediata devono diventare parte del workflow.

7.3.2 Evitare gli errori più comuni di esposizione

Qui entriamo negli errori che fanno quasi tutti all'inizio. Uno dei più comuni è toccare tutto con i guanti sporchi: stampa, stampante, maniglie, telefono. Risultato: contaminazione ovunque. La soluzione è semplice: separa le fasi di lavoro. I guanti sporchi devono servire solo per la resina.

Un altro errore tipico è lavare male le stampe. Se il lavaggio è insufficiente, la resina resta sulla superficie e il pezzo diventa appiccicoso, irritante e instabile. Anche la cura UV viene spesso sottovalutata. Se non viene fatta correttamente, la resina resta parzialmente "attiva" e il pezzo può deformarsi o restare fragile. Poi c'è il problema dello smaltimento. Molti buttano carta sporca o resina residua come normali rifiuti domestici. In realtà la resina liquida va prima solidificata con luce UV.

Anche lo smaltimento fa parte del processo. Molti pensano: "*Una volta non cambia nulla.*"

Il problema è l'esposizione continua nel tempo. Per questo devi lavorare sempre con attenzione, anche durante stampe veloci. Chi sottovaluta questi aspetti lavora peggio e si espone inutilmente. Chi segue regole semplici lavora con più tranquillità e controllo.

L'approccio corretto è questo: la sicurezza fa parte del workflow. Prima di stampare assicurati di avere guanti pronti, area organizzata e ventilazione attiva. Durante il lavoro evita di toccare tutto e mantieni ordine. Dopo la stampa completa sempre lavaggio, cura UV e pulizia dell'area.

Conclusione: La resina non è pericolosa se usata correttamente. Diventa un problema quando viene trattata con superficialità. Se vuoi stampare in resina senza rischi inutili, usa sempre i guanti, ventila l'ambiente, mantieni ordine e gestisci bene il post-processo.

Quando inizi a fare questo, lavori meglio, stampi meglio ed eviti problemi evitabili.

E soprattutto puoi concentrarti sulla qualità senza preoccuparti continuamente di ciò che stai respirando o toccando.

SETUP VENTILATO BASE PER STAMPA 3D IN RESINA

Poche modifiche pratiche possono migliorare sicurezza e comfort durante la stampa.

FINESTRA APERTA

Favorisce il ricambio dell'aria e supporta l'estrazione dei vapori.

ESTRAZIONE VERSO L'ESTERNO

Aiuta a rimuovere vapori e odori dall'area di lavoro.
Riduce l'accumulo di vapori nell'ambiente.
Migliora il comfort durante le sessioni di stampa.

AREA DEDICATA

Riduce contaminazioni e disordine.

SUPERFICIE PROTETTA

Facilita la pulizia di eventuali fuoriuscite.

SETUP CONSIGLIATO

- Estrazione verso l'esterno attiva
- Superficie protetta
- Materiali organizzati
- Pulizia più semplice

SCHEMA DEL FLUSSO D'ARIA

AMBIENTE
↓
AREA DI LAVORO
↓
SISTEMA DI ESTRAZIONE
↓
ESTERNO

OBIETTIVO

Creare un flusso controllato che allontani vapori e odori dall'area di lavoro.

SETUP DA EVITARE

- Nessun ricambio d'aria o estrazione
- Vapori accumulati nell'ambiente
- Maggiore rischio di contaminazione
- Area disordinata

Fig. 42 —Esempio di setup ventilato di base per la stampa 3D in resina

CAPITOLO 8

LE IMPOSTAZIONI DELLO SLICER CHE FUNZIONANO DAVVERO

8.1 Le impostazioni fondamentali che contano davvero

Apri lo slicer per la prima volta e ti trovi davanti a decine di parametri: temperatura, velocità, flow, retraction, cooling, supporti, infill, accelerazioni. È normale sentirsi perso.

La reazione tipica è questa: *"Devo capire tutto prima di stampare bene."* Ed è proprio qui che iniziano i problemi. Più cerchi di controllare tutto subito, più finisci per modificare parametri a caso. Il risultato sono stampe incoerenti, miglioramenti casuali e confusione totale. Questo è uno dei pattern più comuni tra chi inizia: raccogli informazioni da video, forum e guide, ma senza un metodo. E quindi cambi impostazioni senza sapere davvero cosa stai facendo.

Il problema reale non è che lo slicer sia complicato. È che non sai cosa ignorare.

La verità è semplice: gran parte dei risultati dipende da poche impostazioni davvero importanti. Le altre diventano utili solo dopo. Le tre impostazioni fondamentali sono **temperatura, velocità e flusso**. Se queste sono fuori controllo, tutto il resto conta molto meno.

8.1.1 Temperatura, velocità e flusso (spiegati in modo pratico)

Qui non serve teoria complicata. Serve capire cosa succede davvero quando qualcosa è sbagliato.

Temperatura:

Controlla il comportamento del materiale quando esce dall'ugello.

Se è troppo alta compaiono fili, superfici sporche e dettagli poco precisi. È il classico effetto *"fa fili ovunque."* Se invece è troppo bassa, i layer non si uniscono bene, il pezzo diventa fragile e compare sottoestrusione. Il punto chiave è questo: non esiste una temperatura perfetta universale. Ogni filamento e ogni stampante si comportano in modo diverso. Esempio pratico: due PLA differenti possono stampare bene rispettivamente a 200°C e 215°C. Usare lo stesso valore per entrambi spesso porta a risultati peggiori.

Velocità:

Controlla quanto rapidamente si muove la stampante e amplifica ogni altro problema.

Se è troppo alta aumentano vibrazioni, perdita di precisione, dettagli sfocati e possibili layer shift. Se è più bassa, spesso la qualità migliora, anche se la stampa richiede più tempo. Esempio reale: la stessa stampa a 60 mm/s mostra difetti evidenti, mentre a 40 mm/s risulta molto più pulita. La regola pratica è semplice:

se qualcosa non va, rallenta prima di fare modifiche più complicate.

Flusso (Flow):

E' una delle impostazioni più ignorate, ma controlla la quantità reale di plastica estrusa.

Se è troppo alto ottieni pezzi gonfi, blob e imprecisioni. Se è troppo basso compaiono vuoti, linee separate e pezzi deboli. Molti pensano che gap e buchi dipendano dalla temperatura, ma spesso il problema è proprio il flusso. In pratica, se vedi vuoti devi aumentare leggermente il flow; se invece c'è troppo materiale devi ridurlo. Riassumendo: la temperatura controlla il comportamento del materiale, la velocità influisce sulla stabilità della stampa e il flow regola la quantità reale di plastica estrusa.

Quando queste tre impostazioni sono corrette, gran parte dei problemi sparisce.

8.1.2 Perché cambiare tutto insieme non funziona

Qui c'è l'errore più diffuso, e probabilmente lo hai già fatto. Hai un problema, cerchi online, trovi più soluzioni e le applichi tutte insieme. Magari qualcosa migliora, ma non sai cosa abbia davvero funzionato. Il problema è semplice: hai perso il controllo. **Esempio concreto:** hai stringing e contemporaneamente abbassi temperatura, aumenti retraction, cambi velocità e modifichi il flow. La stampa migliora, ma non saprai mai quale modifica abbia fatto la differenza.

Metodo corretto:

Il sistema giusto è molto più semplice: identifica il problema reale, scegli una sola variabile, modificala leggermente, fai un test piccolo e valuta il risultato. Se migliora, hai trovato la causa. Se non cambia nulla, passi alla variabile successiva. L'errore tipico è voler velocizzare cambiando più cose insieme. In realtà così perdi più tempo.

La regola fondamentale è questa: **una modifica deve produrre un risultato chiaro.**

Altro errore comune:

Molti copiano impostazioni trovate online pensando che funzioneranno automaticamente. Il problema è che la loro stampante non è la tua. Cambiano filamento, ambiente, meccanica e perfino usura della macchina. Per questo l'approccio corretto è partire da valori base e poi adattarli gradualmente alla propria configurazione.

Molti utenti dicono: *"Ho provato tutto ma non funziona."* In realtà hanno semplicemente provato troppe cose insieme.

Conclusione:

Lo slicer non è davvero complicato. Diventa complicato quando lo usi senza metodo.

Se vuoi migliorare davvero, concentrati su poche impostazioni chiave, capisci cosa fanno realmente, evita di cambiare tutto insieme e lavora sempre per piccoli test controllati. Quando inizi a fare questo, smetti di andare a tentativi e inizi finalmente a capire il comportamento della stampante. Ed è lì che la stampa 3D smette di essere frustrante e diventa prevedibile, replicabile e molto più controllabile.

8.2 Creare i tuoi profili affidabili (invece di copiare quelli degli altri)

Arrivi a un punto in cui ti accorgi di una cosa: alcune stampe vengono bene, altre no. Anche usando impostazioni apparentemente identiche. A quel punto fai quello che fanno tutti: cerchi un "profilo perfetto" su YouTube, Reddit o nei forum, lo copi nello slicer e pensi: *"Ora dovrebbe funzionare"*. Poi stampi e scopri che non funziona come nel video.

Il problema reale:

Il problema non è il profilo. È che non è il tuo. Non esiste un profilo universale perché ogni configurazione cambia: stampante, filamento, ambiente e stato della macchina influenzano il risultato. Anche due stampanti identiche possono comportarsi in modo diverso. Esempio concreto: stessa stampante, stesso PLA, due utenti diversi. Risultati completamente differenti.

L'obiettivo di questo sottocapitolo è cambiare approccio: smettere di copiare impostazioni e iniziare a costruire le proprie.

Cos'è un profilo davvero utile:

Un profilo non è una semplice lista di numeri. È una configurazione che funziona sulla tua stampante, è ripetibile e produce risultati costanti. Il punto chiave è questo: deve funzionare sempre, non solo una volta.

L'errore tipico è usare un profilo che funziona "ogni tanto". In quel caso non puoi fidarti del risultato. Il punto di partenza corretto è usare un preset base dello slicer. Ma attenzione: il preset è solo un inizio, non il risultato finale.

8.2.1 Test che danno risultati reali (non stampe inutili)

Qui avviene il vero cambiamento. L'errore tipico è testare direttamente su oggetti reali. Così sprechi tempo, materiale e spesso non capisci nemmeno cosa abbia influenzato il risultato. Il metodo corretto è usare test piccoli e mirati. Funzionano perché sono veloci, controllabili e facili da confrontare. Esempio reale: vuoi migliorare la qualità e stampi subito un oggetto grande. Dopo due ore di stampa non sai ancora quale impostazione abbia fatto la differenza. Con un test piccolo, invece, ottieni un risultato chiaro in pochi minuti.

Test fondamentali:

Il test temperatura serve per capire dove il filamento lavora meglio. Stampi una torre con temperature diverse e osservi dove hai meno fili e superfici più pulite. Il test retraction serve a ridurre lo stringing. Usi un modello con torri separate e controlli quantità di fili e pulizia. Il test del primo layer serve invece per verificare adesione e uniformità della base.

L'errore comune è saltare questi test e andare direttamente a tentativi. La differenza reale è semplice: chi testa capisce e migliora; chi non testa copia impostazioni e spera che funzionino. La regola pratica è questa: ogni test deve essere veloce, semplice e mirato. L'obiettivo non sono sensazioni, ma dati reali.

8.2.2 Salvare e riutilizzare configurazioni che funzionano

Qui molti fanno un errore enorme. Trovano impostazioni che funzionano, poi le modificano, le sovrascrivono o semplicemente non le salvano. Risultato: ricominciano ogni volta da zero. La soluzione è semplice: salva tutto. Quando trovi una configurazione stabile, salvala nello slicer usando un nome chiaro e riconoscibile. Esempio: ***PLA_205C_clean_surface.***

Annota sempre dettagli come materiale, temperatura e velocità.

Esempio reale: hai due PLA diversi ma usi lo stesso profilo. Risultato: qualità diversa. La soluzione corretta è creare due profili separati.

La regola pratica è semplice: un filamento = un profilo.

Un altro errore comune è sovrascrivere continuamente i profili e perdere i riferimenti. Conviene invece mantenere versioni diverse e salvare uno storico, così puoi tornare indietro se qualcosa peggiora. Chi salva le configurazioni costruisce esperienza nel tempo. Chi non lo fa riparte continuamente da zero.

Sistema corretto

Quando lavori sui profili:

1. Parti da un preset
2. Fai test mirati
3. Modifica una sola variabile
4. Verifica il risultato
5. Salva la configurazione Sempre così.

L'errore mentale più comune è pensare: "*Tanto me lo ricordo.*" In realtà no. La regola è semplice: ciò che funziona va salvato.

Conclusione

Il tuo obiettivo non è trovare il settaggio perfetto. È costruire un sistema che funzioni in modo costante. Se vuoi smettere di perdere tempo:

- non copiare profili casuali
- usa test mirati
- salva le configurazioni che funzionano
- costruisci i tuoi riferimenti

Quando inizi a lavorare così, smetti di dipendere da profili copiati online e inizi a costruire configurazioni affidabili sulla tua stampante.

Ed è proprio in quel momento che la stampa 3D diventa più stabile, meno frustrante e molto più semplice da gestire nel tempo.

8.3 Impostazioni avanzate senza complicarti la vita

Arriva un momento preciso: le stampe iniziano a venire bene. Non perfette, ma abbastanza buone. Ed è lì che molti fanno lo stesso errore: iniziano a modificare supporti, cooling e parametri avanzati pensando di migliorare ancora la qualità. Il risultato, spesso, è l'opposto: la stampa peggiora.

Il problema reale:

Le impostazioni avanzate non servono per far funzionare la stampante. Servono per migliorare qualcosa che funziona già. Se inizi a usarle troppo presto, aggiungi solo confusione. L'errore tipico è ignorare le basi e intervenire subito su parametri complessi. Se non controlli ancora bene temperatura, velocità e flow, le impostazioni avanzate non ti aiuteranno.

La regola fondamentale è semplice: prima stabilità, poi ottimizzazione.

8.3.1 Supporti, overhang e raffreddamento

Qui entriamo nelle impostazioni che influenzano direttamente la forma della stampa. I problemi più comuni sono superfici rovinate sotto le sporgenze, parti che cedono o dettagli deformati. Le cause principali sono quasi sempre overhang non gestiti, supporti sbagliati o raffreddamento errato.

Overhang:

Gli overhang sono le parti stampate "nel vuoto". Se sono troppo inclinati, il materiale non riesce a sostenersi. Esempio reale: stampi una figura con un braccio sospeso e quella parte si deforma.

La regola pratica è semplice: se una zona non ha supporto sotto, devi gestirla. A volte basta cambiare orientamento; altre volte servono supporti.

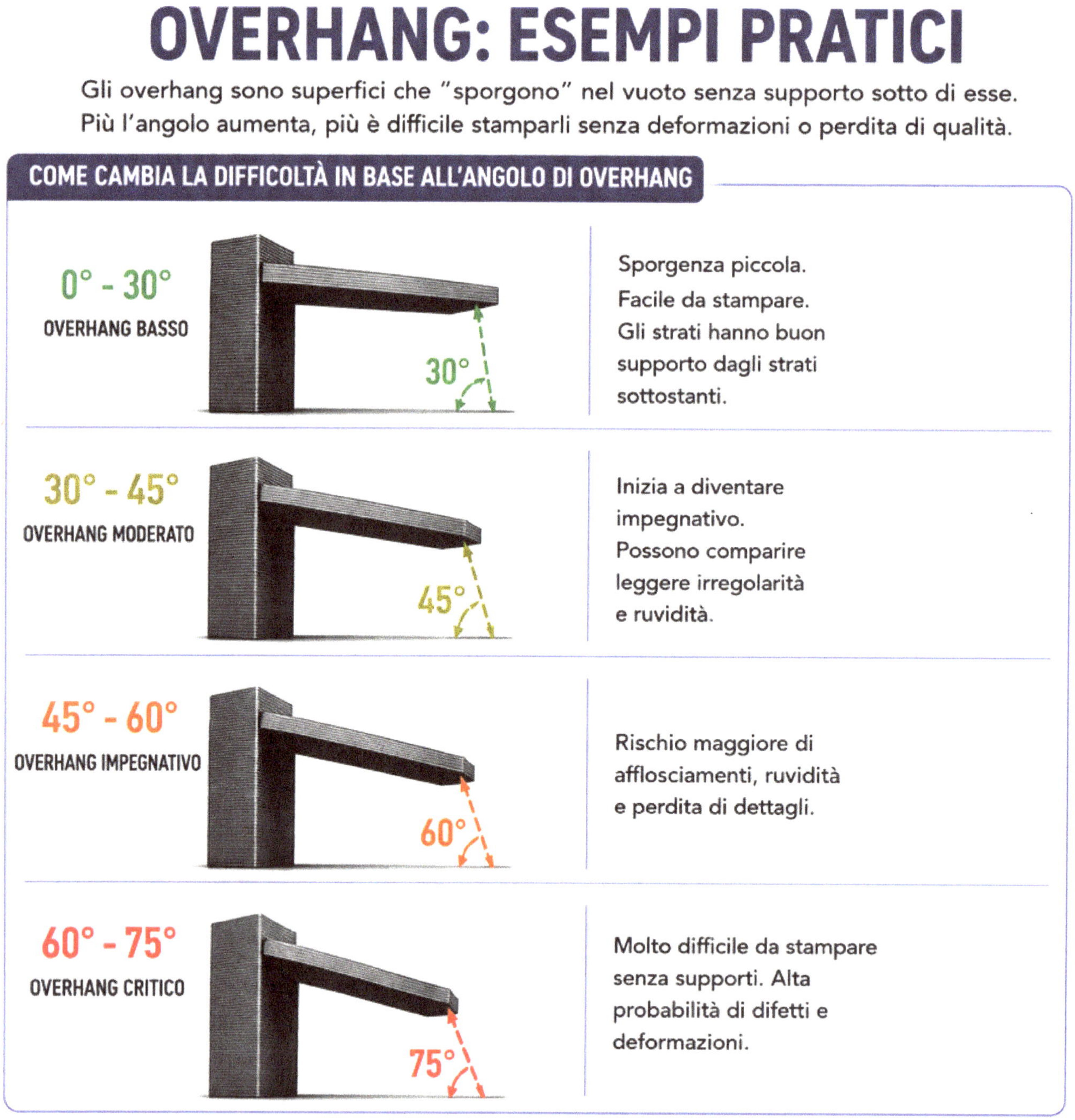

Angolo misurato rispetto alla **VERTICALE**

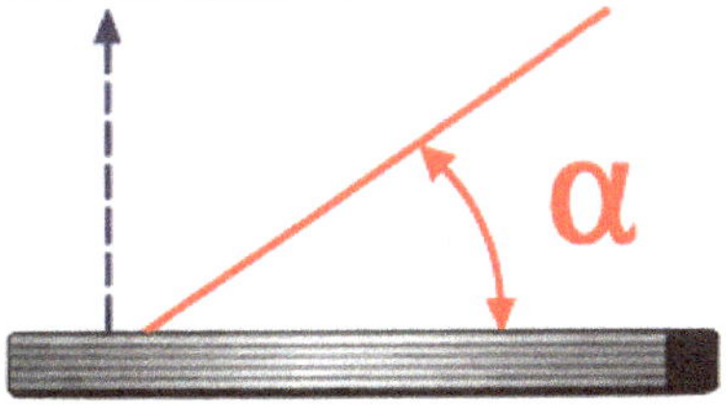

PIÙ GESTIBILE  PIÙ CRITICO

ESEMPI REALI SUL MODELLO (BENCHY)

Le aree evidenziate sul modello sono ingrandite nei riquadri sottostanti (senza e con supporti).

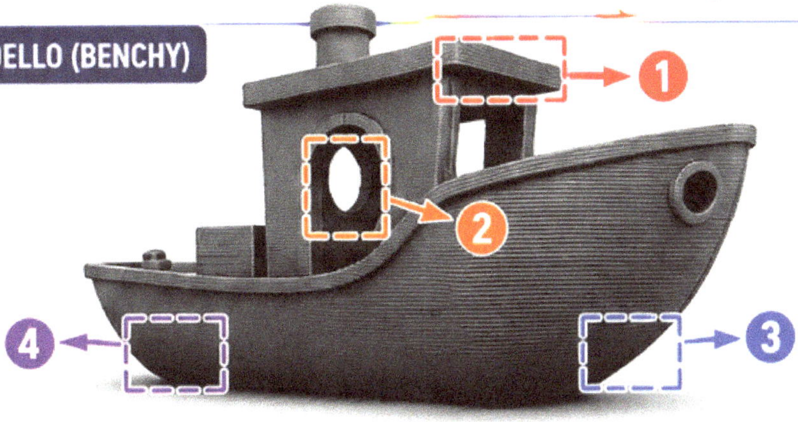

1. Tetto cabina
2. Finestra laterale (intero arco)
3. Base della prua (zona inferiore)
4. Base della poppa (esterna)

1 TETTO CABINA

SENZA SUPPORTI

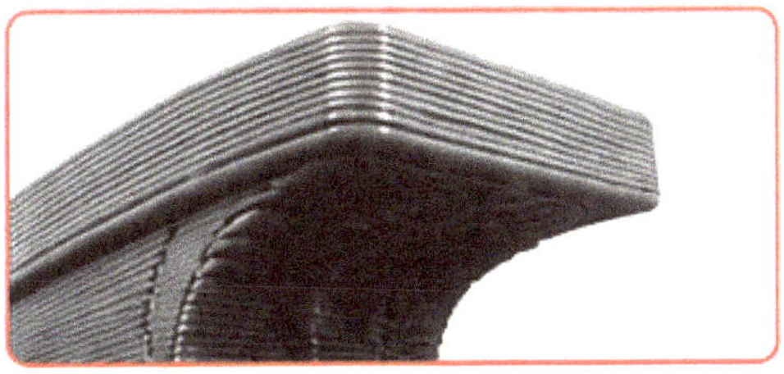

Linee cadenti pronunciate, superficie irregolare e ruvida. Afflosciamento evidente. Perdita di dettagli.

CON SUPPORTI

Strati più stabili e uniformi. Superficie inferiore pulita, con texture FDM ancora visibile ma regolare.

2 FINESTRA LATERALE (INTERO ARCO)

SENZA SUPPORTI

Leggera ruvidità e piccole irregolarità sotto l'arco. Superficie non perfetta ma ancora accettabile.

CON SUPPORTI

Arco più definito e pulito. Superficie migliorata ma con leggera texture FDM ancora visibile. Piccoli segni dei supporti interni.

3 BASE DELLA PRUA (ZONA INFERIORE)

SENZA SUPPORTI

Linee cadenti sulla base, afflosciamento lungo il bordo. Finitura irregolare e segni evidenti degli strati.

CON SUPPORTI

Strati più regolari e definiti. Superficie migliorata con leggera texture FDM ancora visibile.

4 BASE DELLA POPPA (ESTERNA)

SENZA SUPPORTI

Afflosciamento evidente, onde marcate e superficie molto irregolare. Qualità scarsa.

CON SUPPORTI

Superficie più regolare e stabile. Leggeri segni dei supporti ancora visibili. Qualità buona.

Fig. 43 — Esempi pratici di overhang

Supporti:

I supporti servono a sostenere le parti sospese, ma molti li attivano senza criterio. Troppi supporti lasciano segni sulla superficie e rendono difficile la rimozione. Troppo pochi causano cedimenti o stampe fallite. Il punto chiave è trovare equilibrio. Il metodo corretto è attivare supporti solo dove servono, evitare le superfici visibili e testare prima su modelli piccoli.

L'errore più comune è lasciare tutto automatico, ottenendo risultati sporchi e difficili da rifinire.

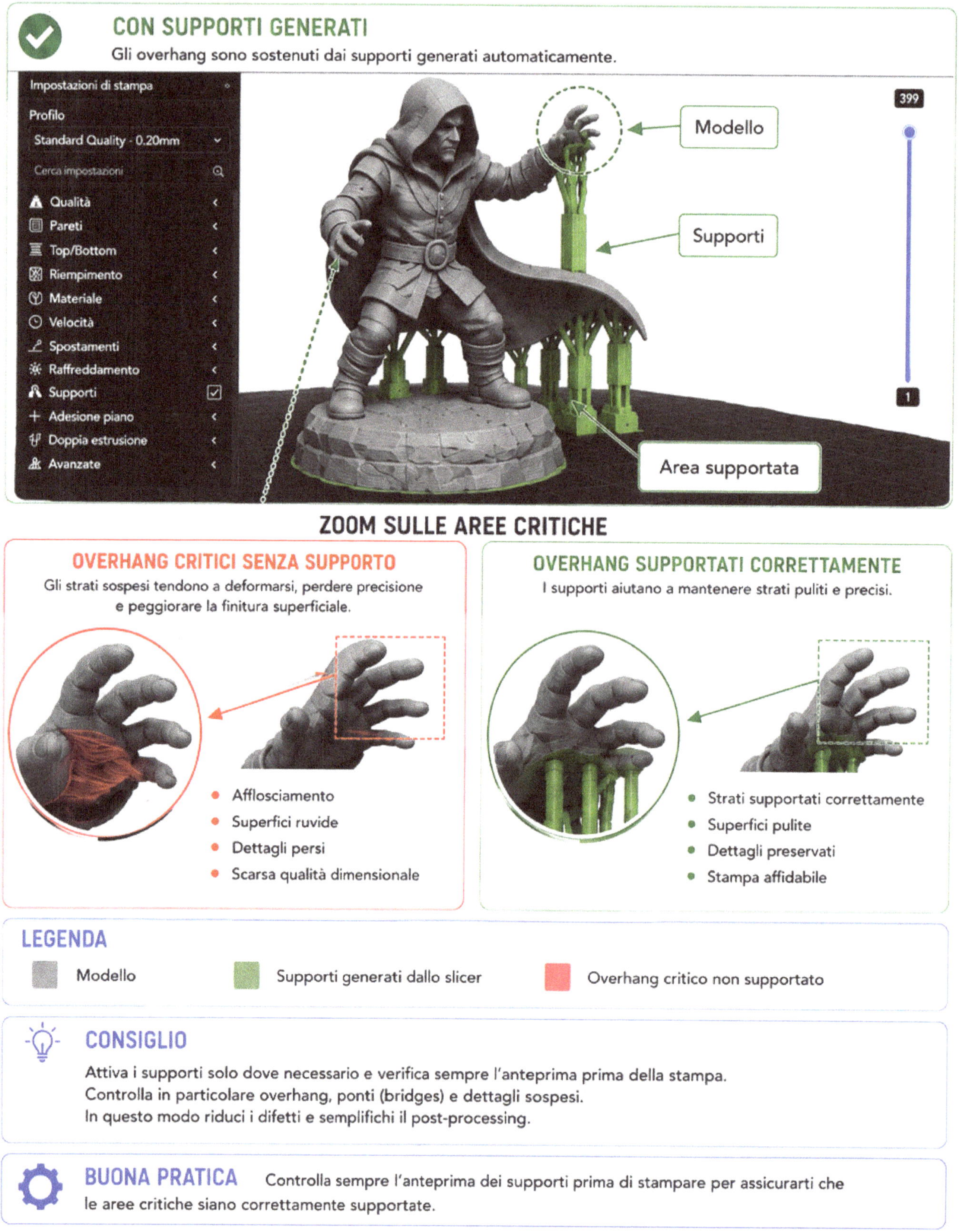

Fig. 44 — Esempio di supporti generate dallo slicer

Raffreddamento (ventola):

Il raffreddamento influenza molto più di quanto sembri. Se la ventola è troppo bassa, il materiale resta molle e i dettagli cedono. Se è troppo alta, i layer possono aderire male e il pezzo diventa fragile. Esempio pratico: con poca ventola il PLA risulta morbido e poco definito; con troppa ventola i layer perdono adesione. In generale, il PLA richiede raffreddamento alto, mentre materiali più tecnici preferiscono valori più bassi. Molti principianti non modificano mai la ventola, limitando così la qualità finale.

Riassumendo:

- overhang → forma
- supporti → stabilità
- raffreddamento → qualità superficiale

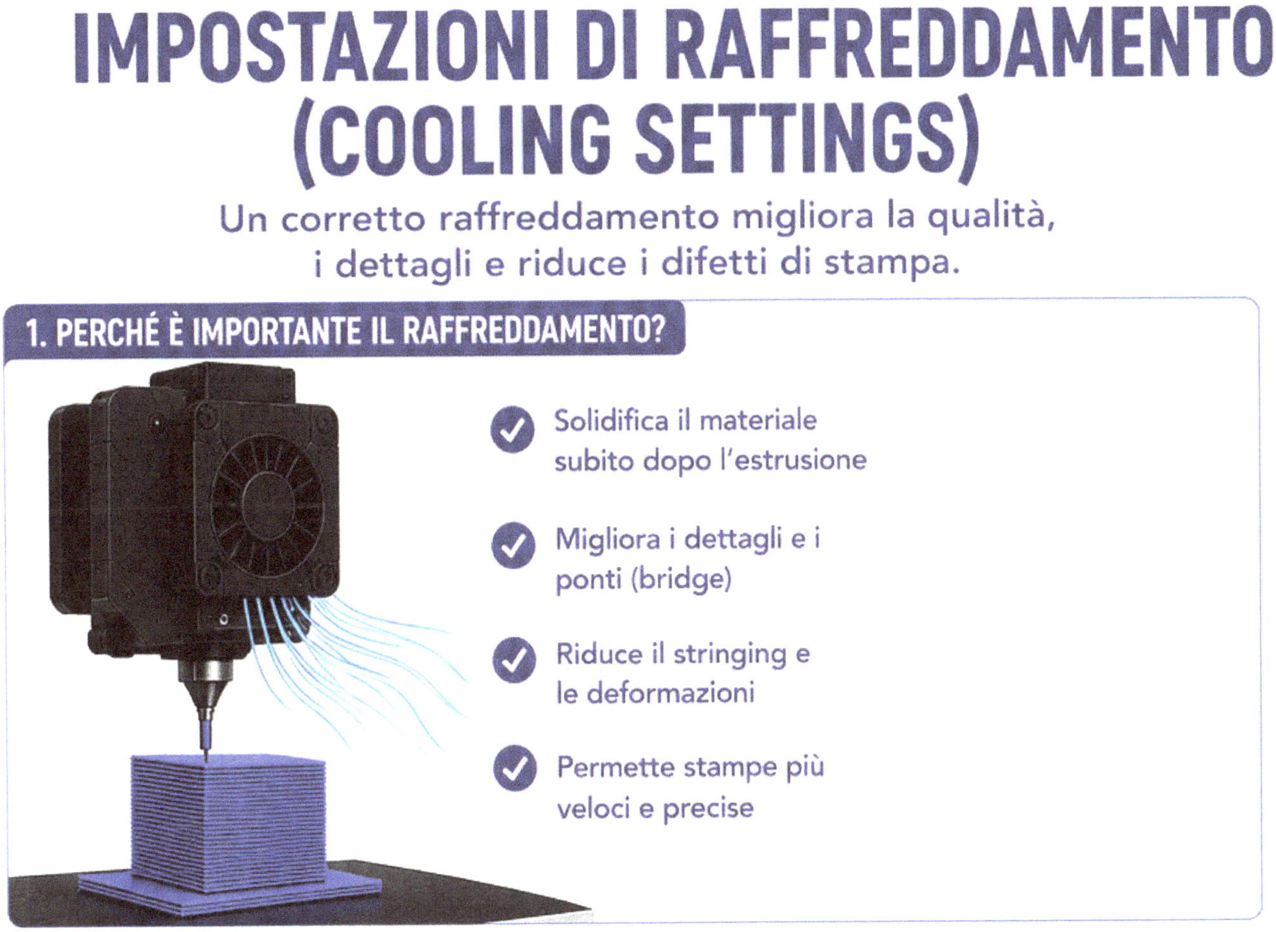

2. EFFETTO DEL RAFFREDDAMENTO

TROPPO BASSO

- Scarsa qualità delle superfici
- Ponti cedenti
- Deformazioni e warping
- Maggiore stringing

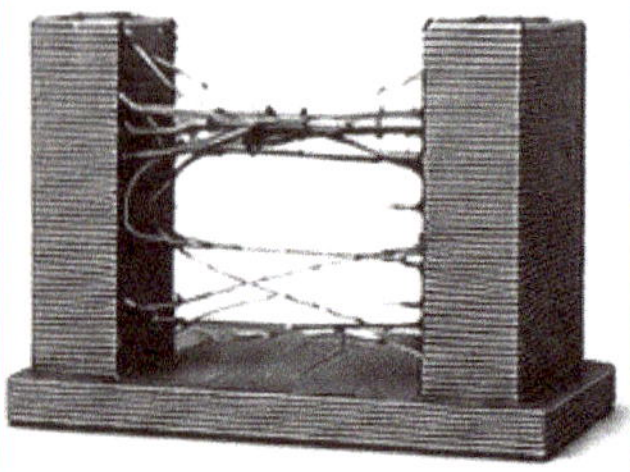

CORRETTO

- Superfici lisce e uniformi
- Dettagli ben definiti
- Ponti stabili
- Pochi difetti

TROPPO ALTO

- Delaminazione dei layer
- Separazione tra strati
- Fragilità e rotture

- Superficie opaca/granulosa
- Pareti integre ma ruvide
- Finitura scadente

3. PARAMETRI PRINCIPALI

VELOCITÀ VENTOLA

Percentuale di velocità della ventola di raffreddamento.

ATTIVAZIONE VENTOLA (STRATO INIZIALE)

Strato da cui la ventola inizia a funzionare.

VELOCITÀ VENTOLA INIZIALE

Velocità ventola per i primi strati per migliorare l'adesione.

VELOCITÀ VENTOLA MASSIMA

Velocità massima usata dopo gli strati iniziali.

CONTROLLO AUTOMATICO DELLA VENTOLA

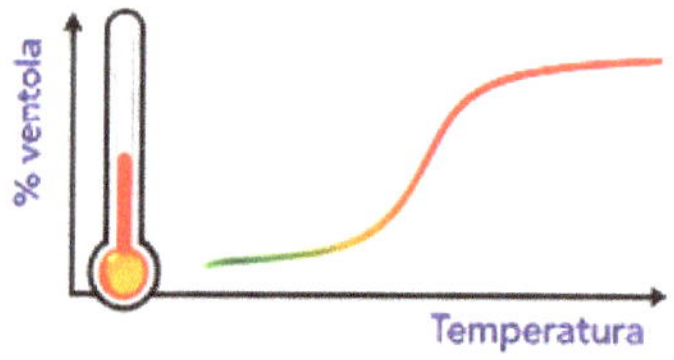

Alcuni slicer possono regolare automaticamente la velocità della ventola per migliorare il raffreddamento dei layer.

TEMPO MINIMO STRATO

Tempo minimo che uno strato deve impiegare per essere raffreddato.

4. POSIZIONAMENTO E DIREZIONE DELLE VENTOLE

- Direziona il flusso d'aria verso la stampa.
- Evita ostacoli al flusso d'aria.
- Usa condotti o deflettori se necessario.

Un buon posizionamento migliora la qualità e riduce i difetti.

5. MATERIALI E RAFFREDDAMENTO CONSIGLIATO

MATERIALE	VENTOLA	NOTE
PLA	80 - 100%	Ottimo raffreddamento migliora dettagli e ponti.
PETG	30 - 60%	Troppa ventola può ridurre l'adesione tra i layer.
ABS / ASA	0 - 30%	Poca ventola per evitare warping e crepe.
TPU / TPE	20 - 50%	Ventola moderata. Alcuni TPU stampano meglio con poca ventilazione.
PA (Nylon)	0 - 30%	Stampe lunghe: poca ventola e ambiente stabile.

6. DIFETTI COMUNI E COME REGOLARLI

WARPING / DEFORMAZIONE → Aumenta la ventola oppure migliora l'adesione al piano.

STRINGING (ECCESSIVO) → Aumenta la ventola o riduci la temperatura di stampa.

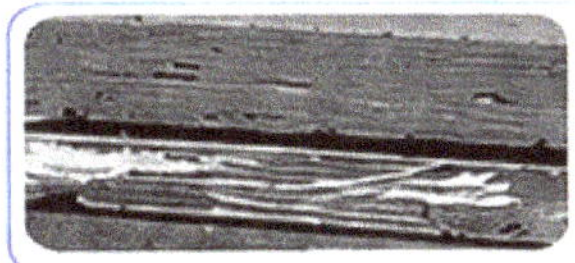

SCARSA ADESIONE TRA I LAYER → Riduci la ventola o aumenta leggermente la temperatura.

Fig. 45 — Impostazioni di raffreddamento (cooling settings)

8.3.2 Pressure advance e fine tuning

Qui entriamo nella parte più avanzata, ed è anche quella dove molti fanno più danni.

Pressure advance:

Serve a controllare la pressione del filamento durante i movimenti, riducendo problemi come angoli gonfi o accumuli di materiale nei cambi di direzione. Ma c'è una cosa importante: non è necessario all'inizio. L'errore tipico è attivarlo troppo presto pensando che migliori automaticamente la qualità. Spesso succede il contrario. Va usato solo quando hai già stampe stabili e vuoi rifinire piccoli dettagli.

Fine tuning:

Comprende micro regolazioni come piccoli aggiustamenti di flow, velocità o parametri secondari. Lo scopo è migliorare dettagli specifici, non risolvere problemi gravi. Esempio reale: hai layer che non si attaccano bene. Invece di correggere temperatura o adesione, inizi a modificare parametri avanzati. Risultato: non cambia nulla.

La regola fondamentale è semplice: prima risolvi il problema, poi rifinisci.

Metodo corretto:

Prima ottieni una stampa stabile. Poi individua un difetto piccolo, modifica una sola impostazione avanzata e fai un test. L'errore mentale più comune è pensare: *"Più modifico, meglio è."* In realtà vale il contrario: meno modifiche fai, più controllo mantieni.

Chi tocca tutto insieme si perde e peggiora i risultati. Chi usa poche regolazioni mirate migliora con più costanza. Ogni modifica deve essere piccola, mirata e sempre testata.

Conclusione:

Le impostazioni avanzate sono strumenti di precisione, non strumenti di salvataggio. Se vuoi migliorare davvero:

- usa i parametri avanzati solo quando serve
- parti sempre dalle basi
- evita modifiche inutili
- lavora per piccoli passi

Quando inizi a fare questo, smetti di confonderti e inizi davvero a rifinire le stampe nel modo corretto. Ed è lì che cambia tutto: non perché hai aggiunto più parametri, ma perché hai imparato a usarli con criterio.

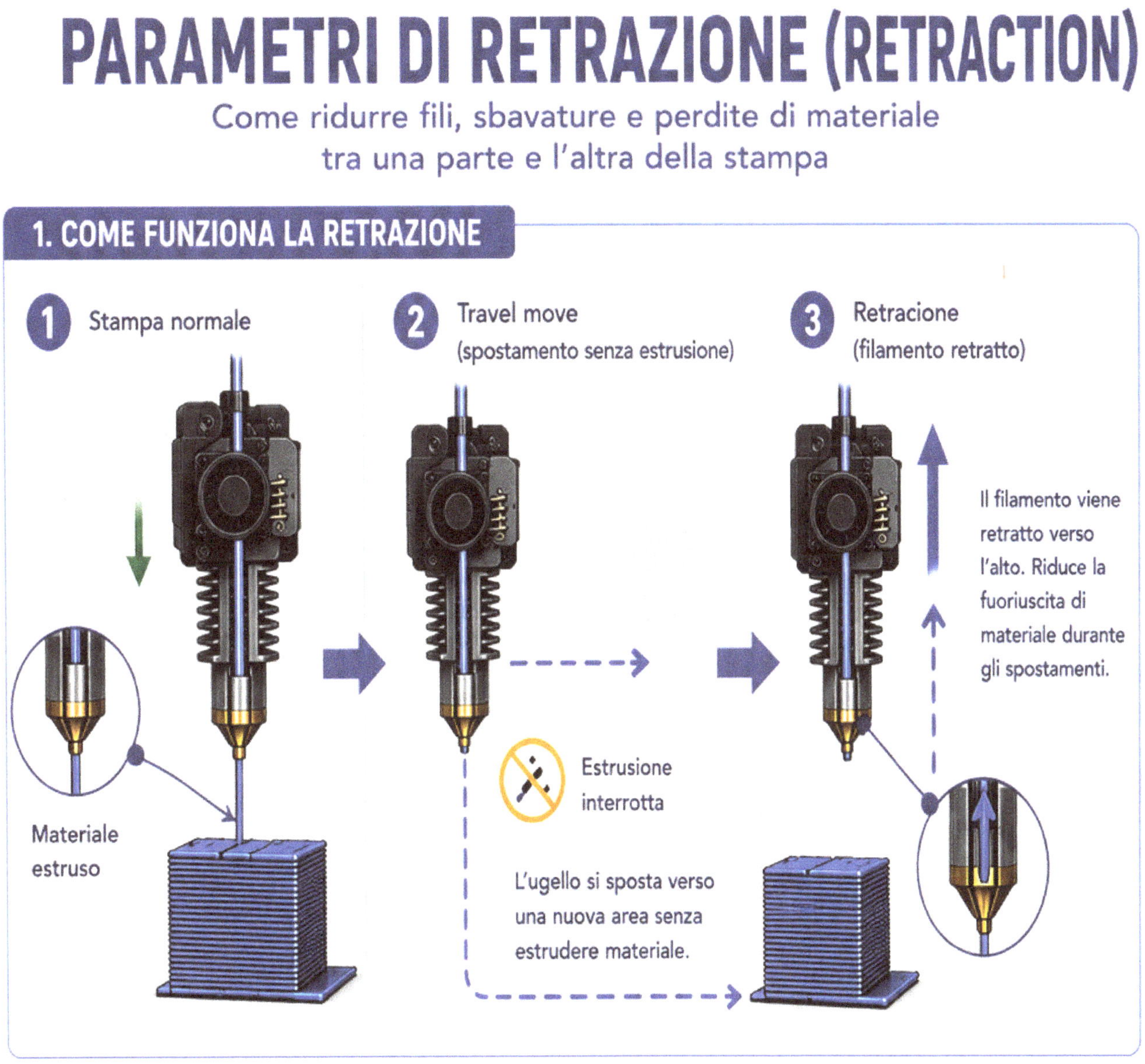

2A. SENZA RETRAZIONE
Stringing (fili sottili)
Sbavature
Pulizia maggiore necessaria
2B. CON RETRAZIONE
Superficie più pulita
Meno post-processing
Migliore qualità visiva

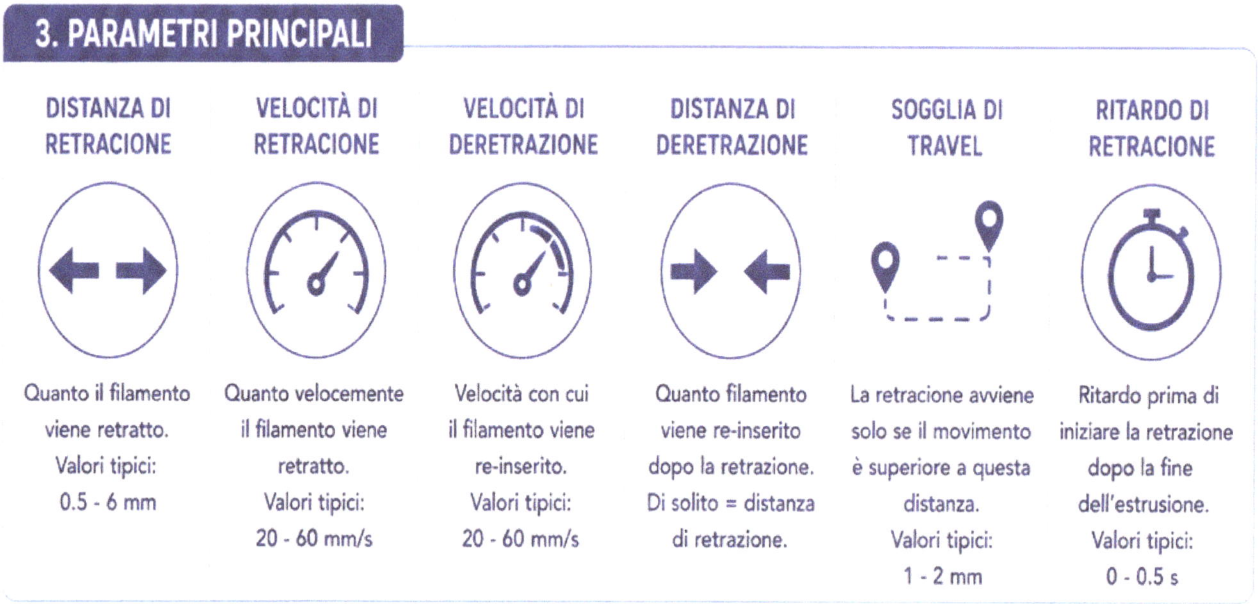
3. PARAMETRI PRINCIPALI
DISTANZA DI RETRACIONE
Quanto il filamento viene retratto. Valori tipici: 0.5 - 6 mm
VELOCITÀ DI RETRACIONE
Quanto velocemente il filamento viene retratto. Valori tipici: 20 - 60 mm/s
VELOCITÀ DI DERETRAZIONE
Velocità con cui il filamento viene re-inserito. Valori tipici: 20 - 60 mm/s
DISTANZA DI DERETRAZIONE
Quanto filamento viene re-inserito dopo la retrazione. Di solito = distanza di retrazione.
SOGLIA DI TRAVEL
La retracione avviene solo se il movimento è superiore a questa distanza. Valori tipici: 1 - 2 mm
RITARDO DI RETRACIONE
Ritardo prima di iniziare la retrazione dopo la fine dell'estrusione. Valori tipici: 0 - 0.5 s

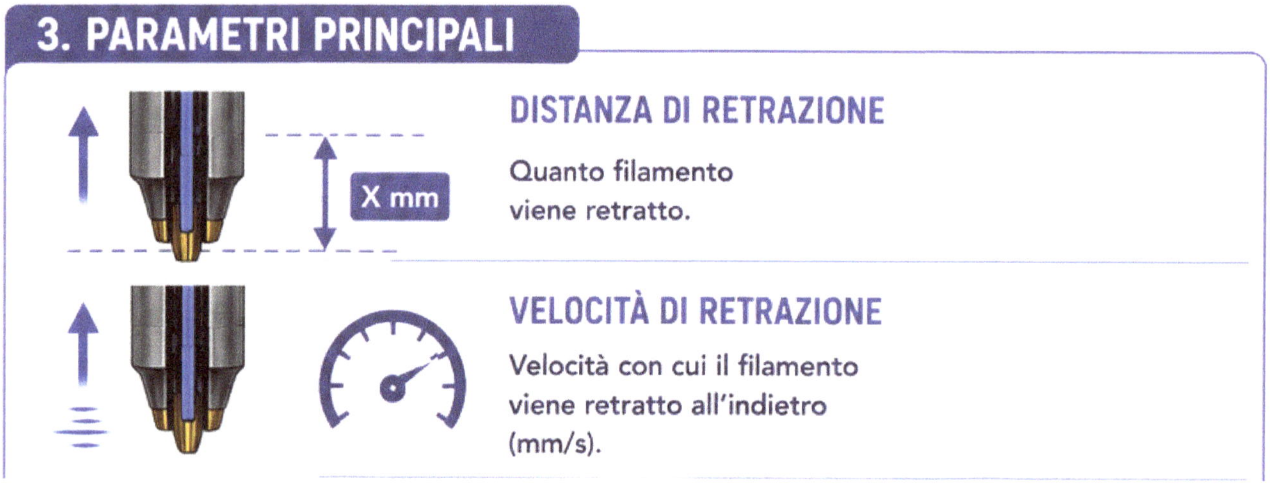
3. PARAMETRI PRINCIPALI
X mm
DISTANZA DI RETRAZIONE
Quanto filamento viene retratto.
VELOCITÀ DI RETRAZIONE
Velocità con cui il filamento viene retratto all'indietro (mm/s).

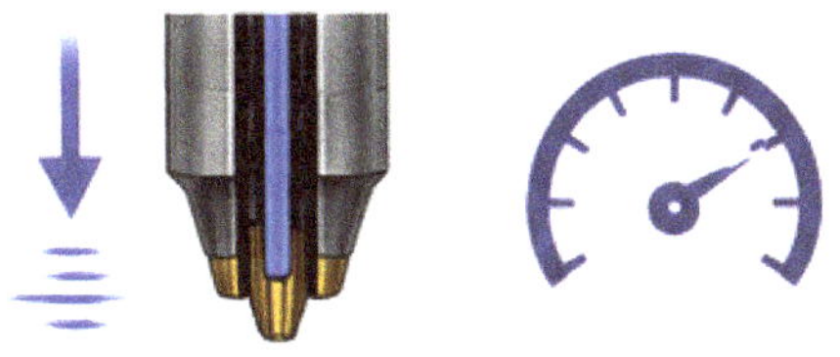

VELOCITÀ DI RIPRISTINO

Velocità con cui il filamento viene spinto in avanti per riprendere l'estrusione (mm/s).

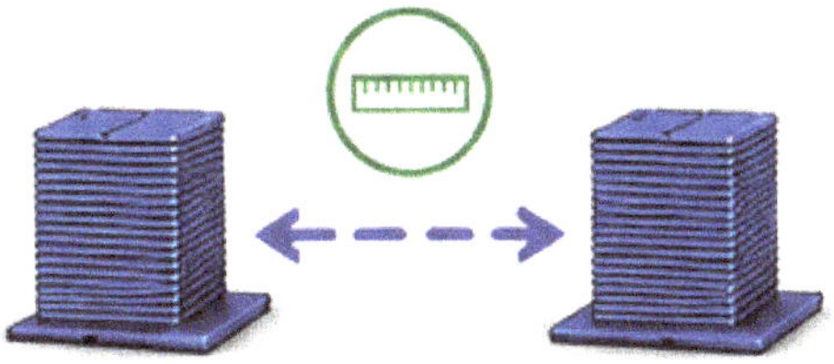

SPOSTAMENTO MINIMO

Distanza minima di spostamento prima di attivare la retracione. Evita ritrazioni inutili su spostamenti brevi.

4. PROBLEMI COMUNI E COME RICONOSCERLI

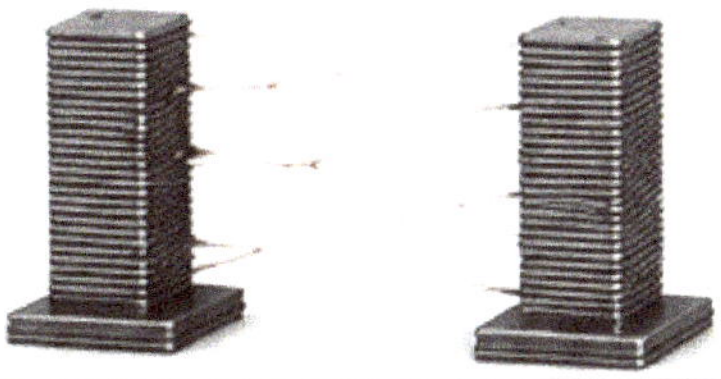

RETRAZIONE TROPPO BASSA

Sintomo: Fili tra le parti.

↑ DA AUMENTARE

RETRAZIONE TROPPO ALTA

Sintomo: Sottoestrusione. Mancano materiale e resistenza.

↓ DA RIDURRE

VELOCITÀ TROPPO LENTA

Sintomo: Gocce e sbavature sull'ugello e sul pezzo.

↑ DA AUMENTARE

VELOCITÀ TROPPO ALTA

Sintomo: Filamento roischiati o slittamento dell'ingranaggio dell'estrusore (click, salti del motore, usura).

↓ DA RIDURRE

5. PUNTO DI PARTENZA CONSIGLIATO

Sistema di estrusione	Distanza di retrazione (mm)
Direct Drive	0.5 – 2 mm
Bowden	3 – 6 mm

Valori indicativi.
Le impostazioni ottimali possono variare in base a stampante, materiale, sistema di estrusione e slicer utilizzato.

CONSIGLIATO

Effettua sempre dei test e regola i parametri in base ai risultati ottenuti.

Fig. 46 — Impostazioni parametri di retrazione (retraction)

TEST DELLA TORRE DI TEMPERATURA

Trova la temperatura di stampa ideale per ottenere il miglior compromesso tra qualità e adesione.

1. COS'È E A COSA SERVE?

La torre di temperatura è un test di stampa che stampa una serie di segmenti alla stessa velocità ma con temperature differenti.

Serve a trovare la temperatura ottimale per il tuo materiale, minimizzando difetti come stringing, scarsa adesione o finiture scadenti.

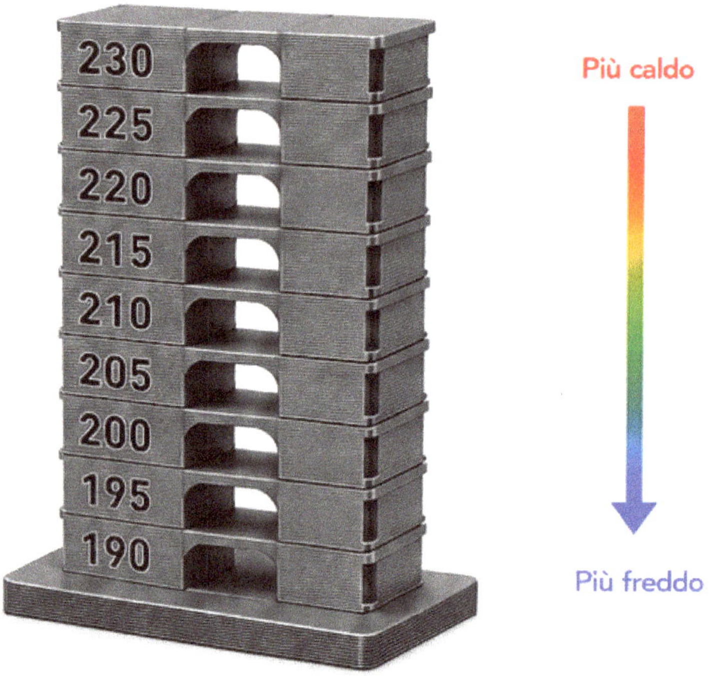

Range tipico PLA: 190 – 230 °C

2. COME FUNZIONA?

1. Definisci il range di temperature

Scegli una temperatura iniziale (alta) e una finale (bassa) con un intervallo costante tra i livelli.

2. Stampa la torre

La stampante cambierà automaticamente la temperatura dell'hotend per ogni livello della torre.

3. Analizza i risultati

Osserva ogni segmento e confronta la qualità di superfici, ponti, spigoli e presenza di difetti.

4. Scegli la temperatura migliore

Seleziona la temperatura che offre il miglior equilibrio tra qualità delle superfici e assenza di difetti.

3. IMPOSTAZIONI CONSIGLIATE

Temperatura iniziale (alta)	+10 / +20 °C sopra la temperatura normale
Temperatura finale (bassa)	-10 / -20 °C sotto la temperatura normale
Intervallo tra i livelli	5 – 10 °C
Velocità di stampa	Usa la stessa velocità delle tue stampe
Raffreddamento	Mantieni costante la ventola
Altezza layer	Come nelle tue stampe abituali

Usa lo stesso materiale e le stesse impostazioni di stampa che utilizzerai nei tuoi progetti reali.

4. COME INTERPRETARE I RISULTATI

TROPPO CALDO — TEMPERATURA IDEALE — TROPPO FREDDO

Stringing / Filamenti

Fili e ragnatele tra i ponti e le aperture.

Superfici pulite

Dettagli ben definiti, poca o nessuna ragnatela.

Scarsa adesione tra i layer

Crepe orizzontali, separazione tra layer, delaminazione, ridotta resistenza meccanica.

ESTRUSIONE INSUFFICIENTE

Scarsa fusione del materiale, superficie granulosa, adesione ridotta tra layer, dettagli meno definiti.

Superfici lucide e irregolari, layer parzialmente fusi e spigoli arrotondati.

Finitura uniforme e dettagli nitidi.

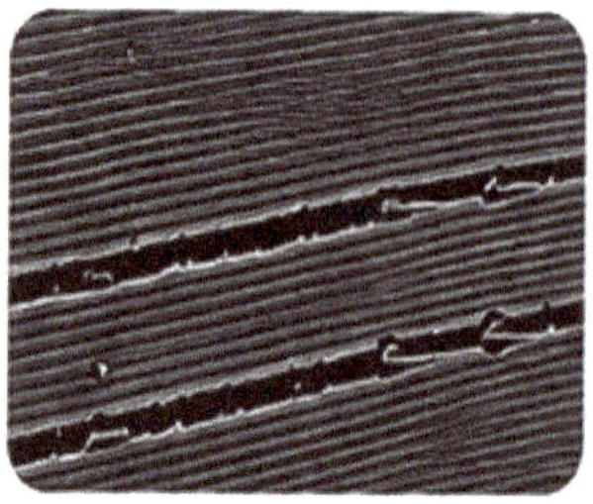

Crepe o separazioni orizzontali evidenti.

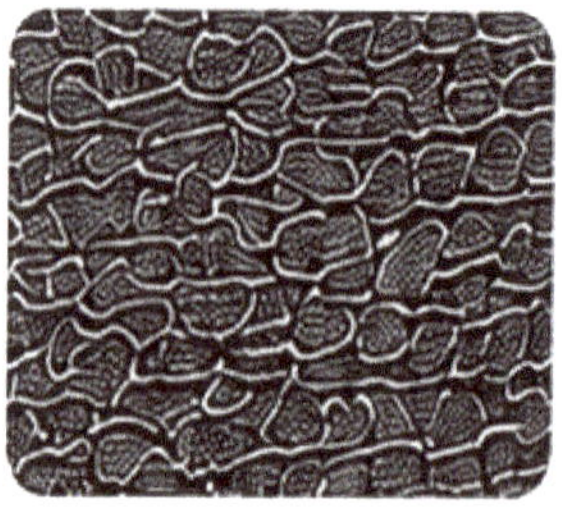

Superficie ruvida, opaca e poco uniforme.

5. CONSIGLI PRATICI

Fai almeno due test

Restringi il range intorno ai migliori risultati e ripeti per affinare la scelta.

Annota tutto

Segna temperatura, materiale, velocità e data del test per confronti futuri.

Ogni materiale è diverso

Ripeti il test per ogni nuovo materiale o marca.

Considera l'ambiente

Temperatura ambiente diversa può influenzare i risultati.

OBIETTIVO

Trovare la temperatura che offre la migliore qualità di stampa con il minor numero di difetti.

Fig. 47 — Test della torre di temperatura

CAPITOLO 9

COME EVITARE STAMPE CASUALI E OTTENERE RISULTATI COSTANTI OGNI VOLTA

9.1 Perché le tue stampe cambiano risultato senza motivo apparente

Ti è già successo: una stampa viene perfetta. Stessa stampante, stesso file, stesse impostazioni. La rifai il giorno dopo e il risultato peggiora. A quel punto inizi a chiederti: *"Cosa ho toccato?"* oppure *"Perché ieri funzionava e oggi no?"*. La verità è che spesso non hai modificato nulla. Il problema reale è un altro: il processo non è sotto controllo.

Il vero punto chiave:

Stampare bene una volta non conta. Conta ottenere risultati costanti.

La stampa 3D non dipende solo dallo slicer o dalle impostazioni. È un sistema composto da ambiente, macchina, materiale e processo. Se uno di questi cambia, cambia anche il risultato. Esempio concreto: stampi la sera e il primo layer è perfetto. La mattina dopo, con lo stesso file, non aderisce più. Non hai toccato nulla nello slicer, ma qualcosa nel sistema è cambiato.

L'errore tipico è pensare subito alle impostazioni. In realtà, molto spesso, il problema è altrove. La domanda giusta non è: *"Quale parametro cambio?"* ma: *"Cosa è cambiato nel sistema?"*

9.1.1 Variabili ambientali che stai ignorando

Le variabili ambientali sono tra le più sottovalutate, ma anche tra le più importanti.

Temperatura ambiente:

Influisce direttamente su adesione, contrazione del materiale e stabilità dei layer.

Esempio reale: in una stanza calda il primo layer aderisce bene; in una stanza fredda iniziano a sollevarsi gli angoli. Il materiale reagisce continuamente all'ambiente circostante. Stampare in condizioni diverse senza accorgersene è uno degli errori più comuni. La soluzione è semplice: mantieni l'ambiente il più stabile possibile ed evita sbalzi improvvisi.

Correnti d'aria:

Anche una leggera corrente può creare raffreddamento irregolare, deformazioni e warping. Caso concreto: stampi vicino a una finestra apparentemente innocua e la stampa si solleva da un lato. L'aria in movimento riduce la stabilità termica della stampa. Per questo conviene evitare finestre aperte, ventilatori o zone troppo esposte.

Umidità del filamento:

È uno dei problemi più ignorati dai principianti. I segnali tipici sono stringing improvviso, superfici rovinate e piccoli scoppiettii durante l'estrusione.

Esempio reale: apri una bobina nuova e stampi perfettamente. Dopo alcuni giorni iniziano i problemi. Il motivo è semplice: il filamento assorbe umidità dall'aria.

Molti pensano che il materiale resti sempre identico nel tempo. Non è così. Per evitare problemi:

- conserva le bobine in sacchetti chiusi
- usa silica gel
- evita esposizioni prolungate all'aria

Superficie del piano:

Altro fattore critico spesso sottovalutato. Grasso, polvere e impronte possono compromettere l'adesione del primo layer anche se il setup è corretto. Esempio pratico: non cambi nulla, ma tocchi il piano con le mani. La stampa successiva non aderisce più bene. Una pulizia regolare del piano evita molti problemi apparentemente "casuali".

Riassunto pratico:

Se non controlli ambiente, umidità, aria e superficie del piano, non otterrai mai risultati davvero costanti.

9.1.2 Usura della macchina e deriva nascosta

C'è poi un altro problema più difficile da notare: la macchina cambia nel tempo. Anche se all'inizio funziona perfettamente, componenti e struttura iniziano lentamente a modificarsi. Le cinghie perdono tensione, alcune viti si allentano e l'estrusore si sporca o si usura. Il risultato è una perdita graduale di precisione. L'aspetto più frustrante è che il peggioramento è lento. Non te ne accorgi subito.

Esempio reale: dopo settimane iniziano piccoli layer shift o leggere imprecisioni che prima non esistevano.

Componenti critici:

Se le cinghie perdono tensione, i movimenti diventano meno precisi. Se alcune viti si allentano aumentano vibrazioni e instabilità. Un estrusore sporco, invece, crea flusso irregolare. Tutto questo porta a stampe incoerenti. L'errore tipico è non fare mai manutenzione e aspettare che compaia un problema evidente.

Metodo corretto:

La soluzione è semplice: controlli periodici. Verifica regolarmente:

- tensione delle cinghie
- serraggio delle viti principali

- stato dell'ugello
- pulizia dell'estrusore

La prevenzione mantiene stabile la qualità nel tempo.

Deriva nascosta:

Esiste anche un altro problema meno evidente: la deriva delle regolazioni fisiche. Esempio concreto: uno Z-offset perfetto oggi può cambiare leggermente dopo alcuni giorni a causa di vibrazioni o piccoli movimenti meccanici. Per questo alcune verifiche devono diventare routine.

Conclusione:

Le stampe incoerenti non sono casuali. Quasi sempre dipendono da variabili che non stai controllando. Se vuoi risultati costanti:

- controlla ambiente e materiale
- mantieni stabile la macchina
- riduci le variabili invisibili
- fai piccole verifiche periodiche

Quando inizi a ragionare così, smetti di inseguire problemi casuali e inizi finalmente ad avere un sistema prevedibile, stabile e molto più affidabile nel tempo.

9.2 Creare un flusso di stampa ripetibile (senza più sorprese)

Se le tue stampe cambiano risultato senza motivo apparente, il problema non è la stampante. Il problema è che non hai un processo. E finché non hai un flusso ripetibile, ogni stampa resta un tentativo.

Il problema reale:

Molti utenti fanno sempre la stessa cosa: caricano il file, avviano la stampa e sperano che vada bene. A volte funziona. A volte no. Il motivo è semplice: ogni stampa viene fatta in modo leggermente diverso, anche senza accorgersene. Esempio reale: una volta pulisci il piano e controlli il filamento; quella dopo avvii tutto subito senza verificare nulla. Risultato: stampe diverse.

Il punto chiave è questo: la stampante non è incoerente. È il processo a esserlo.

L'obiettivo di questo sottocapitolo è costruire un sistema semplice e ripetibile. Perché risultati costanti arrivano solo da passaggi costanti. La qualità non nasce dalle impostazioni "magiche", ma dalla ripetizione corretta dello stesso workflow.

La regola fondamentale è semplice: **ogni stampa deve seguire gli stessi passaggi.**

Fig. 48 — Flusso completo di stampa

9.2.1 Checklist prima della stampa

Qui si gioca gran parte del risultato. L'errore più comune è saltare i controlli pensando di risparmiare tempo. In realtà è così che iniziano problemi evitabili. La soluzione è avere una checklist semplice e sempre uguale.

Controlli fondamentali:

Prima di stampare verifica che il piano sia pulito e senza residui. Molti problemi di adesione partono proprio da qui. Controlla poi lo Z-offset e il primo layer. Se hai dubbi, fai un test rapido invece di rischiare una stampa lunga. Anche il filamento va controllato: deve essere quello corretto e possibilmente asciutto. Una bobina umida o vecchia può causare stringing e superfici peggiori.

Verifica inoltre che il filo scorra liberamente. Un semplice incastro nella bobina può bloccare la stampa dopo ore. Altro controllo fondamentale: il profilo dello slicer. Molti usano impostazioni sbagliate senza rendersene conto. Infine guarda l'ambiente: correnti d'aria, finestre aperte o temperatura instabile possono compromettere il risultato. Questa checklist richiede pochi minuti ma evita ore di problemi. La differenza reale è evidente: chi controlla sempre gli stessi elementi ottiene stampe molto più stabili. Chi improvvisa continua ad avere errori apparentemente casuali.

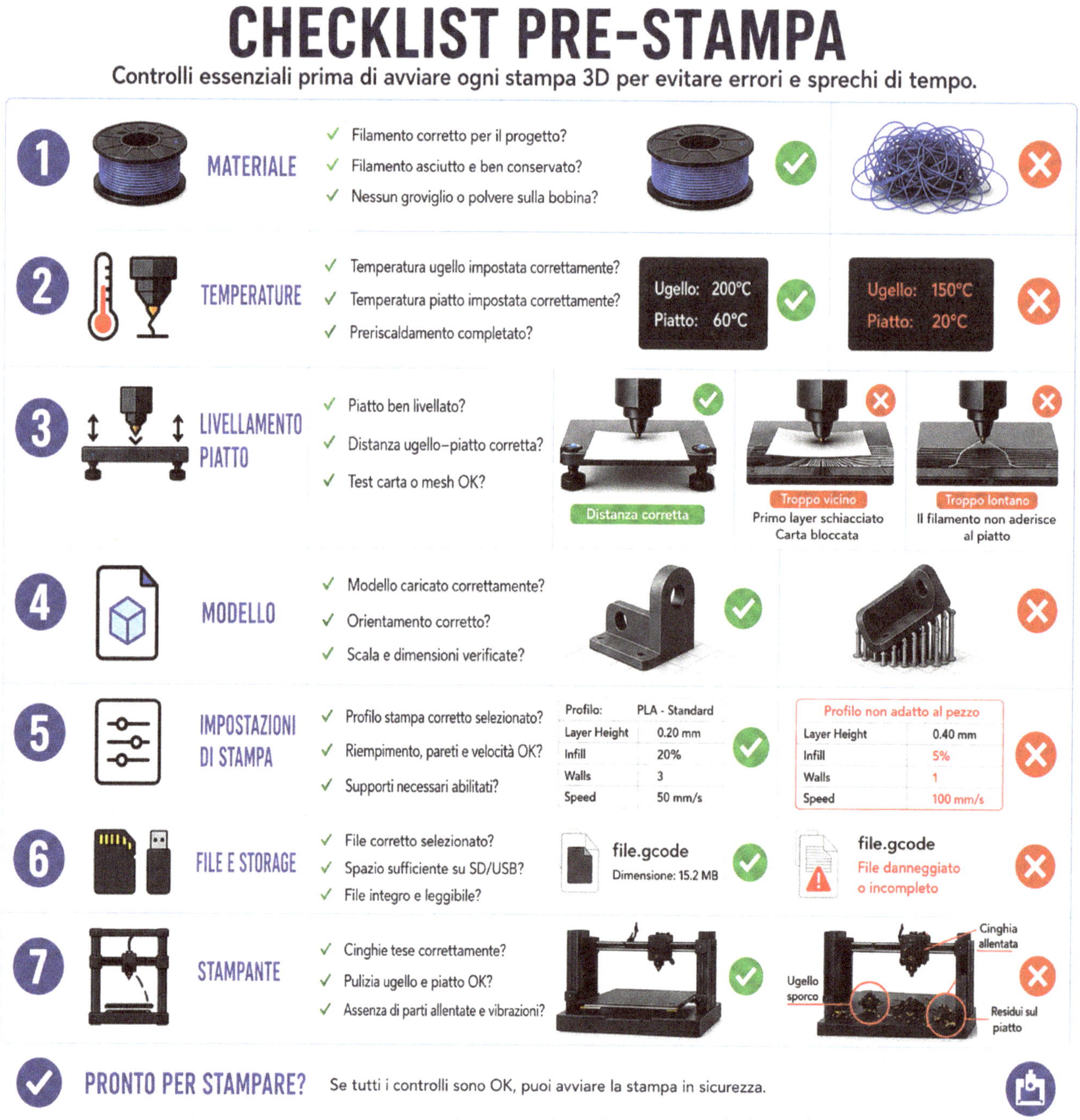

Fig. 49 — Check list pre-stampa

9.2.2 Verifica dopo la stampa

Qui molti fanno un altro errore enorme. Stampano, vedono che il pezzo è "abbastanza buono" e passano oltre. Così però non capiscono perché la stampa abbia funzionato. Il risultato è che non riescono più a replicarla.

Metodo corretto:

Ogni stampa dovrebbe essere verificata, anche quando sembra riuscita. Inizia dal controllo visivo: osserva superfici, layer e dettagli. Chiediti se la stampa è davvero buona o solo accettabile. Poi guarda il primo layer. Se è uniforme e ben schiacciato, la base è corretta. Se invece è irregolare, probabilmente il problema ricomparirà nelle stampe successive. Controlla anche eventuali difetti come stringing, blob o layer troppo visibili. Ogni difetto è un segnale, non qualcosa da ignorare. Il passaggio più importante è collegare il problema alla causa. Esempio reale: se compare stringing, la causa potrebbe essere temperatura troppo alta o filamento umido. L'obiettivo non è vedere il difetto, ma capire da dove arriva.

Quando modificare e quando no:

Qui molti sbagliano. Se una stampa è buona, non serve cambiare tutto per inseguire la perfezione. Migliorare qualcosa che già funziona spesso peggiora il risultato. La regola pratica è semplice: se funziona, lascialo stare. Intervieni solo quando il difetto è reale e ripetibile.

Salvare ciò che funziona

Se trovi una configurazione stabile, salvala subito. Molti si fidano della memoria e poi dimenticano temperatura, velocità o parametri usati. Salvare profili e configurazioni è parte del processo. Chi verifica e salva migliora continuamente. Chi non lo fa ripete gli stessi errori.

Il sistema completo:

Ogni stampa dovrebbe seguire sempre lo stesso schema: Preparazione e checklist

1. **Stampa**
2. **Verifica finale**
3. **Salvataggio delle impostazioni utili**

Sempre nello stesso ordine. L'errore mentale più comune è pensare: "È troppo lavoro." In realtà è molto meno lavoro che rifare stampe fallite.

Conclusione:

La differenza tra chi migliora e chi resta bloccato è quasi sempre una sola: avere un sistema. Se vuoi risultati costanti:

- usa una checklist semplice

- verifica ogni stampa
- salva ciò che funziona
- evita di improvvisare

Quando inizi a lavorare così, smetti di dipendere dalla fortuna o dai tentativi casuali. E da lì la stampa 3D diventa molto più semplice da gestire, migliorare e replicare nel tempo.

9.3 Cosa fare dopo la tua prima stampa riuscita

Arrivi a quel momento: la prima stampa davvero riuscita. Non semplicemente "accettabile", ma pulita, stabile e senza problemi evidenti. E lì succede qualcosa. Pensi di aver capito tutto e inizi subito a cambiare modello, dimensioni, materiale e impostazioni contemporaneamente. Risultato: tornano i problemi.

Il problema reale:

Hai ottenuto una buona stampa, ma non hai ancora un sistema stabile. Una stampa riuscita non significa che hai risolto tutto. Significa solo che sei sulla strada giusta. L'errore tipico è passare immediatamente a cose più difficili. Conseguenza: confusione, errori e frustrazione. La frase classica è: "Ma prima funzionava…".

Sì, perché prima stavi facendo qualcosa di semplice. L'obiettivo di questo sottocapitolo è evitarti proprio questo errore e aiutarti a costruire stabilità. La verità importante è che non devi correre: devi consolidare. La regola base è semplice: ripeti prima di complicare.

9.3.1 Aumentare la complessità senza rompere tutto

Qui si gioca uno dei passaggi più delicati. L'errore più comune è fare un salto troppo grande. Esempio reale: prima stampa perfetta con un cubo semplice. Subito dopo provi un modello enorme, pieno di dettagli e supporti. Risultato: fallimento. Il motivo è semplice: hai cambiato troppe variabili insieme.

La regola fondamentale è questa: una complessità alla volta.

Metodo corretto:

Per prima cosa ripeti la stampa riuscita usando la stessa configurazione. Devi verificare che il risultato sia replicabile. Solo dopo cambia una singola variabile: ad esempio dimensioni più grandi, stampa più alta oppure forma leggermente diversa. Quello che non devi fare è modificare tutto insieme. Dopo ogni cambiamento osserva cosa succede: la stampa resta stabile? Peggiora? Compare un nuovo problema? Intervieni solo se necessario.

Progressione corretta:

Il modo giusto per migliorare è aumentare gradualmente la difficoltà:

- semplice

- leggermente più complesso
- medio
- complesso

Molti fanno direttamente il salto dal livello base a quello avanzato e perdono completamente il controllo. Altro errore tipico: cambiare materiale troppo presto. Esempio concreto: il PLA funziona bene, passi subito al PETG e iniziano problemi completamente nuovi. La regola pratica è semplice: domina prima un materiale, poi passa al successivo. Riassumendo: non correre, non cambiare tutto insieme e aumenta la complessità poco alla volta.

9.3.2 I primi passi verso una stampa davvero affidabile

Qui entri nella fase più importante. Passi da *"stampo ogni tanto"* a *"stampo quando voglio"*. La differenza reale non è la macchina: è il metodo. L'obiettivo ora è rendere la stampa prevedibile, stabile e affidabile.

Come costruire stabilità:

Il primo passo è standardizzare il processo. Usare sempre gli stessi passaggi riduce le variabili e rende i risultati più costanti. All'inizio conviene anche usare sempre gli stessi materiali. Cambiare continuamente filamento porta solo risultati incoerenti. Un'altra regola importante è limitare le modifiche inutili. Molti trovano un profilo che funziona e iniziano subito a cambiarlo. Così però perdono stabilità. La soluzione corretta è usare quel profilo finché resta affidabile. Anche ripetere alcune stampe chiave è u*tile: conferma che il setup stia davvero funzionando nel tempo. L'errore mentale più comune è pensare:* "Se funziona una volta, allora è tutto risolto". In realtà deve funzionare sempre.

Il vero segnale che stai migliorando:

Capisci di stare facendo progressi quando inizi a pensare: *"So già come verrà questa stampa"*. Questo è il vero obiettivo: non la perfezione assoluta, ma la prevedibilità. Altro errore tipico è voler ottimizzare troppo presto. **Esempio reale:** la stampa è già buona, provi a migliorarla ancora e finisci per peggiorarla. La regola resta sempre la stessa: prima stabilità, poi ottimizzazione.

Mini sistema pratico:

Il workflow corretto è semplice: Ottieni una stampa riuscita

1. Ripetila
2. Applica un piccolo miglioramento
3. Verifica di nuovo

Sempre nello stesso ordine.

Fig. 50 — Esempio di setup ordinato e setup disordinato

CONCLUSIONE:

Dopo la tua prima stampa riuscita non devi correre. Devi ripetere, consolidare e aumentare la complessità gradualmente. Quando inizi a lavorare così, smetti di tornare continuamente ai problemi iniziali e inizi davvero a padroneggiare il processo. Non perché hai imparato tutto, ma perché hai imparato a costruire risultati stabili nel tempo.

Ed è proprio questo il passaggio che trasforma una buona stampa occasionale in un workflow davvero affidabile.

Se sei arrivato fin qui, significa che hai fatto qualcosa che molti non fanno: non ti sei fermato ai primi errori, ma hai deciso di capire davvero come funziona la stampa 3D.

Il mio obiettivo con questo libro era semplice: aiutarti a padroneggiare le prime stampe, evitare gli errori più frustranti e darti un metodo chiaro da seguire. Se anche solo una parte di questo è successo, allora sei già avanti rispetto alla maggior parte dei principianti.

Da qui in poi, tutto diventa più naturale. Le stampe non sono più tentativi casuali, ma risultati che sai gestire. Gli errori non sono più blocchi, ma segnali che sai interpretare. E ogni nuova stampa diventa un passo in più verso il controllo completo del processo.

Ti auguro di continuare su questa strada: prendere sempre più confidenza, migliorare stampa dopo stampa e trasformare quella che all'inizio sembrava complicata in qualcosa di semplice, prevedibile e soddisfacente.

Perché la stampa 3D non è solo tecnica.

È pratica, esperienza e metodo.

E adesso hai tutto quello che serve per andare avanti.

Adrian Coley

GLOSSARIO

ABS: Materiale plastico molto resistente e resistente al calore, utilizzato nella stampa 3D FDM. Richiede temperature elevate e una stampante chiusa per evitare deformazioni (warping).

Adhesion (Adesione): Capacità del primo layer di attaccarsi correttamente al piano di stampa. Una scarsa adesione è una delle cause più comuni di stampe fallite.

Auto Bed Leveling: Sistema automatico che misura la distanza tra ugello e piano per compensare eventuali dislivelli del bed.

Bed: Il piano di stampa sul quale viene realizzato l'oggetto.

Benchy: Piccola barca di test utilizzata nella stampa 3D per verificare qualità, precisione e presenza di difetti.

Bowden: Sistema di estrusione in cui il motore che spinge il filamento è separato dall'hotend tramite un tubo PTFE.

Bridging: Tecnica che permette alla stampante di creare "ponti" stampando nel vuoto tra due punti senza supporti.

Build Plate: Altro termine utilizzato per indicare il piano di stampa.

Calibration Cube: Cubo di test utilizzato per verificare precisione dimensionale e calibrazione della stampante.

CAD: Software utilizzato per progettare modelli 3D.

Cooling: Sistema di raffreddamento della stampa tramite ventole. Fondamentale per migliorare qualità e dettagli.

Cura: Uno degli slicer più diffusi per preparare i file destinati alla stampa 3D.

Delamination: Separazione degli strati della stampa causata da scarsa adesione tra i layer.

Direct Drive: Sistema di estrusione in cui il motore dell'estrusore è montato direttamente sopra l'hotend.

Elephant Foot: Difetto in cui la base della stampa risulta schiacciata e più larga del previsto.

Endstop: Sensore che indica alla stampante il limite massimo o minimo di movimento di un asse.

Extruder: Componente che spinge il filamento verso l'hotend.

FDM (Fused Deposition Modeling): Tecnologia di stampa 3D che crea oggetti depositando filamento plastico fuso strato dopo strato.

Filament: Materiale plastico utilizzato nelle stampanti FDM. I più comuni sono PLA, PETG, ABS e TPU.

Firmware: Software interno della stampante che controlla movimenti, temperature e funzioni principali.

First Layer: Primo strato della stampa. È il più importante per la riuscita dell'intero oggetto.

Flow: Quantità di materiale estruso durante la stampa. Se errato può causare sovraestrusione o sottoestrusione.

G-Code: Linguaggio utilizzato dalla stampante per eseguire movimenti, temperature e istruzioni di stampa.

Ghosting: Effetto visivo che crea leggere ombre o duplicazioni sulle superfici stampate a causa delle vibrazioni.

Heat Creep: Problema causato dal calore che risale nell'hotend ammorbidendo il filamento troppo presto.

Heated Bed: Piano riscaldato che migliora l'adesione e riduce deformazioni e warping.

Hotend: Parte della stampante che fonde il filamento prima dell'estrusione.

Infill: Riempimento interno della stampa espresso in percentuale.

Layer: Ogni singolo strato che compone una stampa 3D.

Layer Height: Altezza di ogni strato di stampa. Influisce su qualità e tempi di stampa.

Nozzle: Ugello da cui esce il filamento fuso.

Overhang: Parte della stampa che sporge nel vuoto senza supporto sottostante.

PETG: Materiale molto resistente e più flessibile del PLA. Buona resistenza meccanica e chimica.

PLA: Il filamento più utilizzato dai principianti. Facile da stampare, economico e con basse deformazioni.

PTFE Tube: Tubo in teflon utilizzato nei sistemi Bowden per guidare il filamento.

Raft: Base aggiuntiva stampata sotto il modello per migliorare l'adesione al piano.

Resin Printer: Stampante 3D che utilizza resina liquida fotosensibile anziché filamento.

Retraction: Movimento di retrazione del filamento per ridurre fili e perdite di materiale.

Ringing: Difetto simile al ghosting causato da vibrazioni sugli assi della stampante.

Slicer: Software che trasforma un modello 3D in istruzioni G-Code per la stampante.

Spaghetti Failure: Errore di stampa in cui il modello fallisce e la stampante continua a estrudere creando fili simili a spaghetti.

Stepper Motor: Motore di precisione utilizzato per muovere gli assi della stampante.

Stringing: Presenza di sottili fili di plastica tra diverse parti della stampa.

Supports: Strutture temporanee utilizzate per sostenere overhang e parti sospese.

TPU: Filamento flessibile e gommoso utilizzato per oggetti elastici.

Under-Extrusion: Problema in cui viene estruso meno materiale del necessario.

Warping: Deformazione della stampa causata dal distacco degli angoli dal piano.

Z-Axis: Asse verticale della stampante 3D.

Z-Offset: Distanza tra nozzle e piano di stampa, fondamentale per ottenere un first layer corretto.